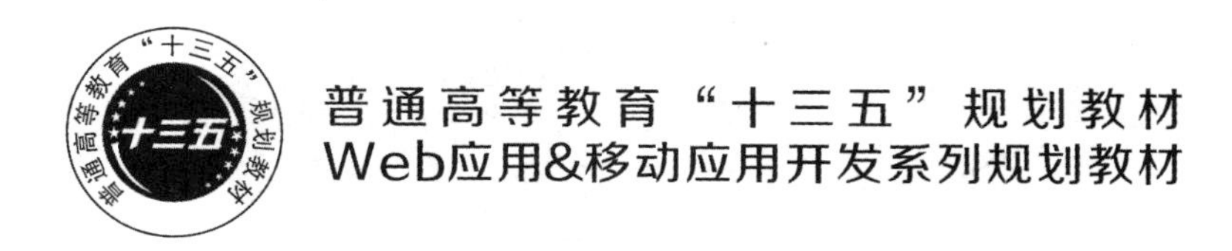

普通高等教育"十三五"规划教材

Web应用&移动应用开发系列规划教材

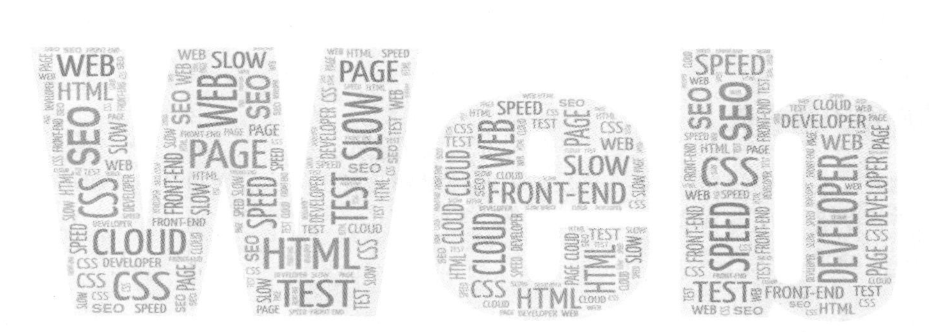

前端开发技术

吴志祥　雷鸿　李林　肖建芳　黄金刚 ◎ 编著

华中科技大学出版社
http://www.hustp.com
中国·武汉

内容简介

本书系统地介绍了Web前端开发的基础知识和实际应用。全书共分7章,内容包括Web开发概述及环境搭建、使用HTML标签组织页面内容、使用CSS样式设置页面外观、网站页面布局、JavaScript与jQuery、HTML5新增功能和常用Web前端开发框架的使用。

本书以实际应用为出发点,精心组织教材内容,每章都设计了典型案例,并配有习题及实验。与本书配套的教学网站,提供教学大纲、实验大纲、各种软件的下载链接、课件和案例源代码下载、在线测试等,极大地方便了教与学。

本书可以作为高等院校计算机及相关专业学生学习Web前端开发的教材,也可以作为Web开发爱好者的参考书。

为了方便教学,本书还配有电子课件等教学资源包,任课教师和学生可以登录"我们爱读书"网(www.ibook4us.com)注册并浏览,任课教师还可以发邮件至hustpeiit@163.com索取。

图书在版编目(CIP)数据

Web前端开发技术/吴志祥等编著. —武汉：华中科技大学出版社,2019.3（2024.8重印）
普通高等教育"十三五"规划教材
ISBN 978-7-5680-4365-6

Ⅰ.①W… Ⅱ.①吴… Ⅲ.①网页制作工具-高等学校-教材 Ⅳ.①TP393.092.2

中国版本图书馆CIP数据核字(2019)第049672号

Web前端开发技术
Web Qianduan Kaifa Jishu

吴志祥 雷 鸿 李 林 肖建芳 黄金刚 编著

策划编辑：康 序
责任编辑：舒 慧
封面设计：孢 子
责任监印：朱 玢
出版发行：华中科技大学出版社(中国·武汉) 电话：(027)81321913
武汉市东湖新技术开发区华工科技园 邮编：430223
录 排：武汉三月禾文化传播有限公司
印 刷：武汉开心印印刷有限公司
开 本：787mm×1092mm 1/16
印 张：15
字 数：387千字
版 次：2024年8月第1版第10次印刷
定 价：48.00元

近几年来，Web 前端开发技术飞速发展，许多高校 Web 前端教学中已经打破了只讲 HTML4＋CSS2＋JavaScript 的传统格局。随着互联网行业（特别是移动互联网）的持续发展，企业开发平台开始在界面友好性和操作方便性方面投入更多的精力，Web 前端从业人员数量猛增，待遇大幅度提升。

移动互联网的迅速发展，带来了 Web 前端开发的新问题：能否只开发一套自动适应 PC 端和移动端的 Web 系统？使用 HTML5 的媒体查询功能可实现响应式布局，能圆满地解决这个问题。此外，HTML5 相对于 HTML4 增加了许多实用的标签，如对文本框增加列表输入功能的〈details〉和〈summary〉标签等。

通过 CSS3，我们可以在不使用 Flash 动画或 JavaScript 的情况下，为元素从一种样式变换为另一种样式时添加动画效果，这比采用传统的引入方式（在页面里嵌入动画文件）有更好的用户体验。此外，box-reflect（实现倒影或镜像）和 border-radius（实现边框圆角）等都是非常实用的 CSS3 新增样式。

前端框架 jQuery 是经典框架，方便对 JavaScript 脚本的使用；Bootstrap 是一个关于 HTML、CSS 和 JS 的 Web 前端框架，用于开发响应式布局、移动设备优先的 Web 项目；Layui 是一个模块化的前端 UI 框架。最引人注目的是 JavaScript 的运行时环境 Node. js 及使用 MVVM 模式真正实现页面与数据逻辑分离的前端渐进式框架 Vue. js。

本书系统地介绍了 Web 前端开发的基础知识和实际应用。全书共分 7 章，内容包括 Web 开发概述及环境搭建、使用 HTML 标签组织页面内容、使用 CSS 样式设置页面外观、网站页面布局、JavaScript 与 jQuery、使用 HTML5 新增功能和常用 Web 前端开发框架的使用。

本书写作特色鲜明：一是教材结构合理，对教材内容的设置进行了深思熟虑、多次推敲，在行文时指出了相关章节知识点之间的联系；二是知识点介绍简明，作者精心设计的案例紧扣理论；三是采用大量的截图，清晰地反映了页面的浏览效果；四是通过使用不同知识点设计的同一综合案例，让学生辨析不同的知识点；五是有配套的上机实验网站，方便教与学；六是使用 Web 服务器 WAMP 来实现对静态网页的访问。

本书以实用为出发点，精心设计了许多案例，以说明相关知识点及其用法。为了便于学生复习，每章配有习题及实验。与本书配套的教学网站，提供教学大纲、实验大纲、各种软件的下载链接、课件和案例源代码下载、在线测试等，极大地方便了教与学。总之，这是一本适合于以培养应用型本科人才为目标的教材。

本书由吴志祥、雷鸿、李林、肖建芳和黄金刚五位老师共同编写，可作为高等院校计算机及相关专业学生学习 Web 前端开发的教材，也可以作为 Web 开发爱好者的参考书。

为了方便教学，本书还配有电子课件等教学资源包，任课教师和学生可以登录“我们爱读书”网(www.ibook4us.com)注册并浏览，任课教师还可以发邮件至 hustpeiit@163.com 索取。

由于编者水平有限，书中错漏之处在所难免，在此真诚欢迎读者多提宝贵意见，读者可与出版社联系，以便再版时更正。

编　者

2019 年 2 月于武汉

目录 CONTENTS

第 1 章　Web 开发概述及环境搭建 …… 1
1.1　网站与网页概述 …… 1
1.1.1　网站、网页与网址 …… 1
1.1.2　网页组成 …… 2
1.1.3　资源引用的相对路径与绝对路径 …… 2
1.1.4　快速创建一个 Web 服务器 …… 2
1.1.5　相关名词解释 …… 3
1.2　基于 B/S 体系的网站系统 …… 4
1.2.1　Web 服务器与数据库服务器 …… 4
1.2.2　动态网页的执行过程 …… 5
1.2.3　应用层协议 HTTP 与 HTTPS …… 6
1.2.4　Web 客户端与浏览器内核 …… 7
1.2.5　浏览器调试程序 …… 8
1.2.6　Cookie 信息与浏览器缓存 …… 9
1.3　网页设计工具 …… 10
1.3.1　高效的网页编辑器 VS Code …… 10
1.3.2　流行的网页设计器——HBuilder …… 12
1.3.3　网页文档快速修改工具 EditPlus 和 NotePad …… 13
1.4　使用网页三剑客制作网页素材 …… 15
1.4.1　图形图像处理软件概述 …… 15
1.4.2　使用 Fireworks 或 Photoshop 编辑图像 …… 15
1.4.3　使用 Flash 制作动画 …… 16

1.4.4 切图形成网页素材 …… 17
习题 1 …… 18
实验 1 …… 19
第 2 章 使用 HTML 标签组织页面内容 …… 21
2.1 HTML 语言概述 …… 21
2.1.1 HTML 标签名称与属性 …… 21
2.1.2 实体标签元素分类 …… 24
2.1.3 网页文档编码与 meta 标签 …… 25
2.1.4 特殊字符 …… 26
2.1.5 HTML 色彩与度量单位 …… 26
2.2 简单的 HTML 标签 …… 28
2.2.1 文本样式标签 …… 28
2.2.2 文本格式化标签 …… 28
2.2.3 滚动标签 …… 28
2.2.4 列表标签 …… 29
2.2.5 超链接与锚点链接标签 …… 30
2.2.6 图像标签 …… 31
2.3 表格 …… 31
2.3.1 表格定义及属性设置 …… 31
2.3.2 表格行定义及属性设置 …… 32
2.3.3 表格单元格定义及属性设置 …… 33
2.3.4 表格单元格合并 …… 33
2.4 表单 …… 35
2.4.1 表单及其工作原理 …… 35
2.4.2 表单定义与基本使用 …… 36
2.4.3 常用表单域 …… 37
2.4.4 文件域与文件上传 …… 40
习题 2 …… 43
实验 2 …… 45
第 3 章 使用 CSS 样式设置页面外观 …… 47
3.1 CSS 样式概述 …… 47
3.2 CSS 选择器 …… 48
3.2.1 基本选择器 …… 48
3.2.2 组合选择器 …… 50

3.3 CSS样式的建立与使用 …… 51
3.3.1 CSS样式的建立方式 …… 51
3.3.2 CSS样式的使用方式 …… 51
3.3.3 CSS高级特性 …… 53
3.4 常用CSS样式的属性 …… 56
3.4.1 文本外观 …… 56
3.4.2 方框样式 …… 57
3.4.3 元素显示与可见特性 …… 58
3.4.4 设置按钮是否可用 …… 59
3.4.5 滤镜样式 …… 59
3.5 重新定义HTML元素外观 …… 60
3.6 最新样式标准CSS3 …… 63
3.6.1 CSS3新增选择器 …… 64
3.6.2 CSS3阴影效果 …… 66
3.6.3 CSS3动画效果 …… 67
习题3 …… 72
实验3 …… 73
第4章 网站页面布局 …… 75
4.1 页面布局概述 …… 75
4.2 CSS+Div布局 …… 76
4.2.1 div标签 …… 76
4.2.2 盒子模型 …… 76
4.2.3 元素定位的CSS样式属性 …… 83
4.2.4 元素定位模式 …… 84
4.3 页内框架与框架集 …… 88
4.3.1 页内框架 …… 88
4.3.2 框架集 …… 88
4.4 综合项目:会员管理信息系统memmana1 …… 89
4.5 使用HTML5布局标签 …… 97
习题4 …… 101
实验4 …… 102
第5章 JavaScript与jQuery …… 104
5.1 JavaScript基础 …… 104
5.1.1 JavaScript概述 …… 104

5.1.2 JavaScript 数据类型与运算符 …… 106
5.1.3 JavaScript 流程控制语句 …… 110
5.1.4 JavaScript 对象的 PEM 模型 …… 111
5.1.5 JavaScript 脚本调试 …… 115
5.2 JavaScript 内置对象 …… 116
5.2.1 数组对象 Array …… 116
5.2.2 日期/时间对象 Date …… 117
5.2.3 字符串对象 String …… 117
5.2.4 数学对象 Math …… 118
5.2.5 自定义 JavaScript 对象 …… 119
5.3 浏览器对象 …… 120
5.3.1 BOM 与 DOM …… 120
5.3.2 顶级对象 window 常用属性和方法 …… 121
5.3.3 文档对象 document 与表单的 elements 集合 …… 127
5.3.4 位置对象 location …… 136
5.3.5 历史对象 history …… 136
5.3.6 导航对象 navigator …… 137
5.4 综合项目:会员管理信息系统 memmana2a …… 139
5.5 jQuery …… 147
5.5.1 jQuery 使用基础 …… 147
5.5.2 综合项目:会员管理信息系统 memmana2b …… 156
5.5.3 jQuery 插件开发 …… 160
5.6 jQuery Ajax …… 161
5.6.1 jQuery Ajax 概述 …… 161
5.6.2 JSON 数据格式 …… 161
5.6.3 jQuery Ajax 应用实例 …… 163
习题 5 …… 167
实验 5 …… 169
第 6 章 HTML5 新增功能 …… 171
6.1 HTML5 概述 …… 171
6.1.1 从 HTML4 到 HTML5 …… 171
6.1.2 使用标签〈details〉和〈summary〉隐藏详细内容 …… 172
6.2 HTML5 对表单的新增功能 …… 173
6.2.1 字段输入提示 …… 173

6.2.2 为文本域添加下拉列表选择输入 …… 173
6.2.3 字段必填验证 …… 174
6.2.4 电子邮件格式验证 …… 174
6.2.5 日期与时间输入 …… 175
6.2.6 range 类型 …… 175
6.3 HTML5 音频与视频 …… 176
6.3.1 音频标签 audio …… 176
6.3.2 视频标签 video …… 177
6.4 HTML5 绘图功能 …… 178
6.4.1 画布标签 canvas …… 178
6.4.2 HTML5 绘图 API …… 178
6.5 HTML5 地理定位与百度地图 …… 180
6.5.1 HTML5 地理定位实现 …… 180
6.5.2 第三方工具百度地图的应用 …… 182
6.6 HTML5 响应式布局与媒体查询 …… 184
6.6.1 响应式布局 …… 184
6.6.2 关于视口 viewport …… 185
6.6.3 媒体查询 …… 185
6.7 HTML5 Web 存储 …… 190
6.7.1 本地存储 localStorage …… 191
6.7.2 会话存储 sessionStorage …… 192
6.7.3 WebSQL 数据库 …… 192
习题 6 …… 194
实验 6 …… 195
第 7 章 常用 Web 前端开发框架的使用 …… 197
7.1 Web 前端框架 Bootstrap …… 197
7.1.1 概述 …… 197
7.1.2 Bootstrap 使用基础 …… 197
7.1.3 CSS 组件 …… 198
7.1.4 响应式设计 …… 201
7.2 模块化前端框架 Layui …… 203
7.2.1 在 Web 项目里引入 Layui 框架 …… 203
7.2.2 网页轮播特效 …… 203
7.2.3 表格模块与分页模块的使用 …… 204

7.3 富文本编辑器 Baidu UE …… 208
7.4 JS 运行时环境 Node.js …… 211
7.4.1 Node.js 概述、下载及安装 …… 211
7.4.2 Node.js 模块安装器 npm 与 cnpm …… 211
7.4.3 使用 mysql 模块访问 MySQL 数据库 …… 212
7.4.4 使用 http 模块创建 HTTP 服务器 …… 216
7.4.5 服务端框架 Express …… 217
7.4.6 静态资源打包工具 WebPack …… 219
7.5 渐进式框架 Vue.js …… 220
7.5.1 Vue.js 概述 …… 220
7.5.2 快速创建、部署、运行和打包一个 Vue.js 项目 …… 222
7.5.3 Vue 组件 …… 224
7.5.4 前端路由配置 …… 225
习题 7 …… 227
实验 7 …… 228
参考文献 …… 230

第1章 Web开发概述及环境搭建

计算机的应用经历了从桌面应用到 Web 应用的转变。Web 应用使人们超越了时间、地理位置的限制，能方便地进行各种各样的信息处理，尤其是在手机等移动设备广泛使用的今天。本章主要介绍了 B/S 体系中的基本概念、开发环境的搭建与常用网页编写工具的使用，学习要点如下：

- 理解 Web 应用与传统的桌面应用方式的不同；
- 掌握使用 WampServer 搭建 PHP 网站的方法；
- 初步掌握浏览器调试的方法；
- 掌握 VS Code 和 HBuilder 等网页编辑软件的使用；
- 掌握使用网站三剑客处理(含制作)网页素材的方法。

1.1 网站与网页概述

1.1.1 网站、网页与网址

说到网站与网页，大家并不陌生。如果把网站比作一本书，那么，网页就是书里的一页，网址就是这本书的编码(如 ISBN 号或图书馆里的图书编号)。

使用浏览器打开网站里的网页，就可以浏览新闻、查询信息和网上购物等，如图1.1.1所示。

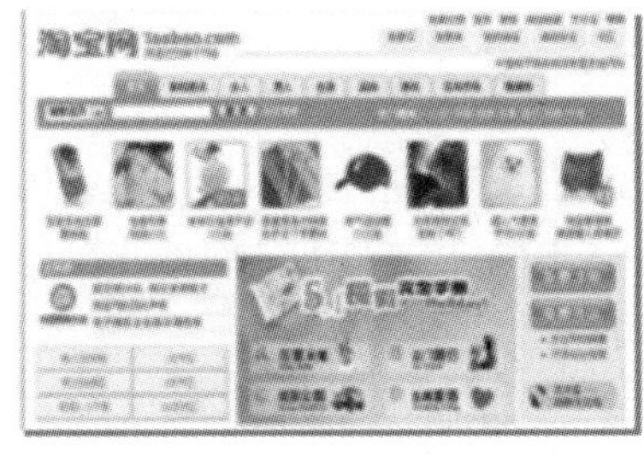

图 1.1.1 网站的几个典型应用

1.1.2 网页组成

网页主要由文字、图像和超链接等元素构成。当然，除了这些元素，网页中还可以包含音频、视频以及 Flash 等。

除了首页之外，一个网站通常还包含多个子页面。网页与网页之间通过超链接互相访问。

网站由网页构成，网页有静态和动态之分。

静态网页是指用户无论何时何地访问，网页都会显示固定的信息，除非网页源代码被重新修改上传。

动态网页显示的内容则会随着用户操作和时间的不同而变化。

1.1.3 资源引用的相对路径与绝对路径

供网页使用的资源文件，可以有图像文件、CSS 样式文件、JavaScript 脚本文件和音乐文件等。一个网页文件本身也可能被另一个网页引用。在网站开发中，对文件的引用有相对路径和绝对路径两种方式。

相对路径是以引用文件之网页所在位置为参考基础的目录路径。因此，保存在不同目录里的网页相对引用同一个文件所使用的路径将不相同。

使用相对路径时，可能出现的符号及含义如下：

“.”表示当前所在的目录；

“..”表示当前目录的上一层目录；

“/”表示站点根目录，也作为路径分隔符。

绝对路径是以 Web 站点根目录为参考基础的目录路径。通常情况下，对网络资源的引用使用绝对路径。绝对路径与当前页面的路径无关，一个使用绝对路径的示例代码如下：

```
<img src="http://www.wustwzx.com/web/images/wzx.jpg">
```

注意：(1) 对站内资源的引用，一般使用相对路径。例如，“../../”代表的是上一层目录的上一层目录。

(2) 使用相对路径的好处是：将本地开发好的网站上传至 Web 服务器时，不会出现路径解析错误。

(3) 使用网络资源时，“http://”不可省略。

1.1.4 快速创建一个 Web 服务器

Web 服务器有多种类型，主要有 Microsoft 推出的 IIS(对应于 ASP 或 ASP. NET 网站)、Apache 推出的 Tomcat(对应于 JSP 网站)和 WAMP(对应于 PHP 网站)等。

WAMP 服务器软件容量很小，且易于安装和使用。

成功启动 WAMP 后，任务栏上的图标(W 形状、绿色)如图 1.1.2 所示。

注意：右击 WAMP 图标，选择 Exit，即可关闭 WAMP 服务器。

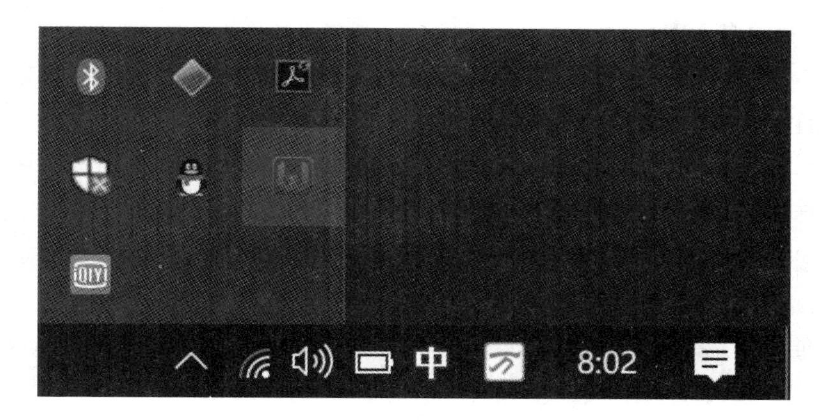

图 1.1.2 WAMP 启动后的图标

单击 WAMP 图标，可以查看访问默认站点、进入 MySQL 操作界面和进入站点根目录等选项，如图 1.1.3 所示。

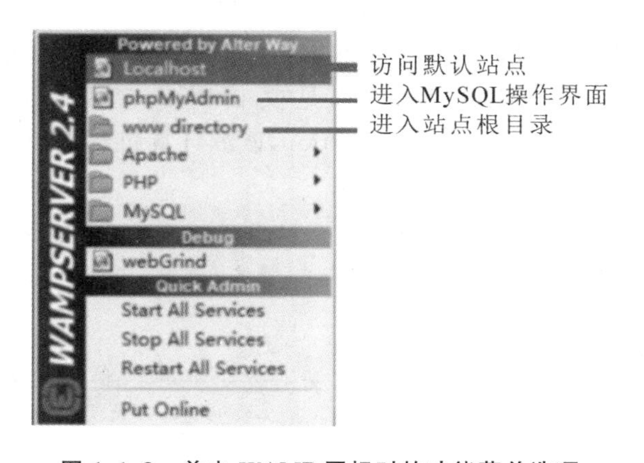

图 1.1.3 单击 WAMP 图标时的功能菜单选项

注意：(1) 设置 Web 服务器，应选择 Apache 菜单项。例如，更改默认使用的浏览器。
(2) 设置数据库服务器，应选择 MySQL 选项。例如，设置 MySQL 服务器通信端口。
(3) 右击 WAMP 图标时，弹出的菜单包含退出服务器的菜单选项 Exit。

1.1.5 相关名词解释

1. W3C 与 WWW

W3C(World Wide Web Consortium)，中文译为“万维网联盟”，是国际最著名的标准化组织。W3C 提供了一个在线验证页面 https://validator.w3.org/，用于验证 HTML 页面是否符合规范。

WWW(World Wide Web)，中文译为“万维网”，它是 Internet 网络提供的一种网页浏览服务。

Web 通常指互联网的使用环境，通常称为网页。

2. HTTP 协议与 URL

HTTP(hypertext transfer protocol,超文本传输协议)详细规定了浏览器和万维网服务器之间互相通信的规则。

URL(uniform resource locator,统一资源定位符)就是 Web 地址,简称网址。

3. Web 标准

Web 本意是蜘蛛网和网的意思。对于网站设计及制作者来说,它是一系列技术的复合总称(包括网站的前台布局、后台程序、美工、数据库开发等),我们称之为网页。

Web 标准并不是某一个标准,而是一系列标准的集合,主要包括结构(structure)、表现(presentation)和行为(behavior)三个方面。

结构标准用于对网页元素进行整理和分类,主要包括 XML 和 XHTML 两个部分,XHTML 是基于 XML 的标识语言,是在 HTML4 的基础上,用 XML 的规则对其进行扩展建立起来的,实现了 HTML 向 XML 的过渡。

表现标准用于设置网页元素的版式、颜色、大小等外观样式,主要指的是 CSS。

行为标准是指网页模型的定义及交互的编写,主要包括 DOM 和 ECMAScript 两个部分。其中,DOM(document object model)是文档对象模型;ECMAScript 是 ECMA(European Computer Manufacturers Association,欧洲计算机制造商协会)以 JavaScript 为基础制定的标准脚本语言。

注意:(1) 定义网页元素的 HTML 标签是固定的,详见第 2 章。
(2) CSS 样式的定义与使用,详见第 3 章。
(3) JavaScript 脚本的定义与使用,详见第 5 章。

1.2 基于 B/S 体系的网站系统

1.2.1 Web 服务器与数据库服务器

不管什么 Web 资源,想被远程计算机访问,都必须有一个与之对应的网络通信程序,当用户来访问时,这个网络通信程序读取 Web 资源数据,并把数据发送给来访者。Web 服务器就是这样一个程序,它用于完成底层网络通信,处理 HTTP 协议。

Internet 网站中存放着许多服务器,最重要的服务器是 Web 服务器,客户端通过被称为浏览器的软件来访问 Web 服务器里的网站。

WAMP 为英文 Windows Apache MySQL PHP 的缩写。其中,Apache 是 Web 服务器名称,MySQL 是一款数据库服务器软件,PHP 是服务器端的脚本引擎。这些在 Windows 平台下的开源软件,本身都是各自独立的程序,但因为常被放在一起使用而拥有了越来越高的兼容度,共同组成了一个强大的 Web 应用程序平台。

启动 WampServer 后,就可以访问 WampServer 内建的默认站点。在浏览器地址栏里输入 http://localhost 后，WampServer 默认站点主页效果，如图 1.2.1 所示。

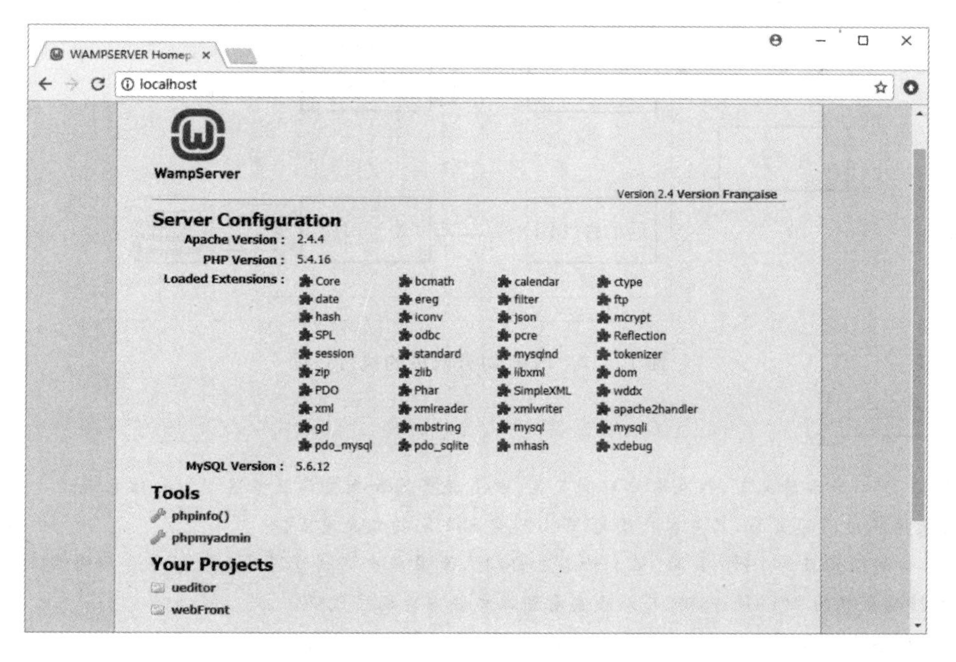

图 1.2.1　WampServer 默认站点主页效果

WampServer 主页除了显示软件版本信息外，还有用户创建的项目(Your Projects)。用户单击项目名，相当于在浏览器地址栏中输入对项目的访问。

WampServer 主页工具箱(Tools)里的 phpmyadmin 工具，用于管理 MySQL 数据库，实现对数据表的增加、删除、修改和查询。

访问网站，最终是对网站里网页的访问。通过访问网页，人们能够查询所需要的信息，也能提交信息并将其保存在数据库服务器里。

注意：(1) WampServer 默认站点以 index.php 或 index.html 作为默认主页，且前者优先。

(2) WampServer 主页提供了访问其他项目(Your Projects)的链接。

(3) 文件 wamp\www\index.php 是默认站点主页，不应被覆盖或删除。

1.2.2　动态网页的执行过程

网页分为静态网页与动态网页两种。静态网页采用 HTML 语言(将在第 2 章详细介绍)编写；动态网页除了包含静态的 HTML 代码外，还包含只能在服务器端解析的服务器代码。动态网页是与静态网页相对应的，通常以.aspx、.jsp、.php 等作为扩展名，而静态网页通常以.html 作为扩展名。

包含动态网页的网站称为动态网站，其主要特征是服务器能实现与客户端的交互、数据库存储等。PHP 动态网页的执行过程，如图 1.2.2 所示。

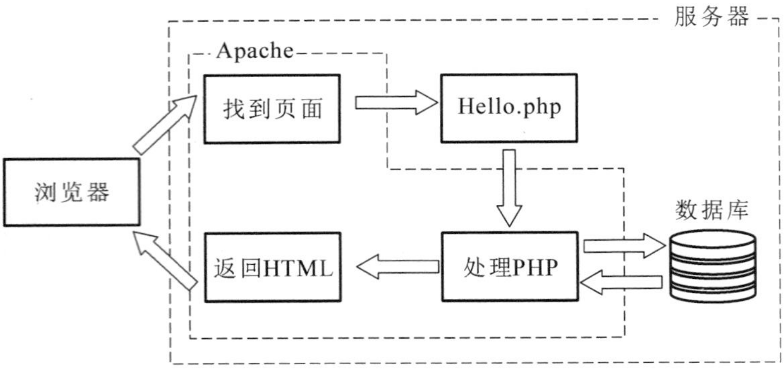

服务器
Apache
找到页面
Hello.php
浏览器
数据库
返回HTML
处理PHP

图 1.2.2　PHP 动态网页的执行过程

注意：(1) 通常情况下，存在客户端浏览器、Web服务器和数据库服务器之间的信息流动。但是，对于没有数据库访问的页面，只有客户端与 Web 服务器之间的信息交互。

(2) 访问网站里的 PHP 页面(属于动态页面)时，使用客户端浏览器的"查看"菜单查看到的是经过 PHP 解析后生成的 HTML 代码，而无法查看到源文件中的程序代码。

(3) 在本地任意位置的静态 HTML 页面文件，可以直接用浏览器打开；而动态页面必须放在 Web 服务器里才能浏览。

(4) 动态网页与网页上的各种动画、滚动字幕等视觉上的动态效果没有直接关系，动态网页是采用动态网站技术生成的网页，可以是纯文字的内容。

1.2.3　应用层协议 HTTP 与 HTTPS

在 B/S 体系中，客户端使用被称为浏览器的应用程序与 Web 服务器进行通信，并使用超文本传送协议 HTTP 协议。

网络协议是分层的。其中，HTTP 协议是建立在 TCP 协议之上的一种应用层协议，Web 应用中使用 HTTP 协议作为应用层协议，用以封装 HTTP 文本信息，然后使用 TCP/IP 做传输层协议，将客户端与 Web 服务器之间的通信信息发到网络上。

浏览者在浏览器地址栏中输入网址，访问网络资源的过程如下：

(1) 在客户端与 Web 服务器端之间建立 TCP/IP 连接；

(2) 服务器端将 HTML 格式的响应信息传输到客户端，并由浏览器渲染而呈现页面；

(3) 响应信息全部传输到客户端后，Web 服务器立即自动终止 TCP/IP 连接。

注意：(1) HTTP 协议是一种详细规定了浏览器和万维网服务器之间互相通信的规则。

(2) 从 Web 服务器向浏览器端输出 HTML 文档时，如果遇到内嵌对象的引用(如图像、JS 脚本文件等)，HTTP 应用程序就会自动建立一个新的 TCP/IP 连接来单独传输该引用对象。

超文本传输协议 HTTP 协议用于在 Web 浏览器和网站服务器之间传递信息，HTTP 协议以明文方式发送内容，不提供任何方式的数据加密，如果攻击者截取了 Web 浏览器和网站服务器之间的传输报文，就可以直接读懂其中的信息，因此，HTTP 协议不适合传输一些敏感信息，比如信用卡号、密码等支付信息。

为了解决 HTTP 协议的这一缺陷，需要使用安全套接字层超文本传输协议 HTTPS。为了数据传输的安全，HTTPS 在 HTTP 的基础上加入了 SSL 协议，SSL 依靠证书来验证服务器的身份，并为浏览器和服务器之间的通信加密。

1.2.4 Web 客户端与浏览器内核

在 B/S 体系中，客户端使用被称为浏览器的应用程序。浏览器用于通过地址栏向 Web 发出 HTTP 请求，也用于解析 Web 服务器的响应信息，渲染并呈现页面。

HTTP 请求包括以下几种情形：

(1) 在浏览器地址栏中输入网址(含页面)；

(2) 单击超链接时产生的请求；

(3) 表单提交时产生的 GET 或 POST。

注意：HTTP 响应除了正文外，还包括 Cookie 信息。

浏览器的核心部分是渲染引擎(rendering engine)，它负责对网页语法的解释(如标准通用标记语言下的一个应用 HTML、JavaScript)并渲染(显示)网页。因此，渲染引擎决定了浏览器如何显示网页的内容以及页面的格式信息，即不同的浏览器内核对网页编写语法的解释也不同。因此，同一网页在不同内核的浏览器里的渲染(显示)效果也可能不同，这也是网页编写者需要在不同内核的浏览器中测试网页显示效果的原因。常用浏览器的图标，如图 1.2.3所示。

IE	Firefox	Chrome	Safari	Opera

图 1.2.3 常用浏览器的图标

注意：习惯上，我们称渲染引擎为浏览器内核。

Trident 内核程序在 1997 年的 IE 4 中首次被采用，是微软在 Mosaic 代码的基础之上修改而来的，并沿用到 IE 11。Trident 实际上是一款开放的内核，其接口内核设计得相当成熟，因此，出现了许多采用 IE 内核而非 IE 的浏览器，如 360 安全浏览器、猎豹极轻浏览器等。

Gecko 内核是 Netscape 6 开始采用的内核，后来的火狐浏览器也采用了该内核。Gecko 的特点是代码完全公开，因此，其可开发程度很高，全世界的程序员都可以为其编写代码，增加功能。因为这是个开源内核，因此受到许多人的青睐，Gecko 内核的浏览器也很多，这也是 Gecko 内核虽然年轻但市场占有率能够迅速提高的重要原因。

Webkit 是苹果公司的内核，也是苹果公司的 Safari 浏览器使用的内核。Webkit 引擎包含 WebCore 排版引擎及 JavaScriptCore 解析引擎，它们均是从 KDE 的 KHTML 及 KJS 引擎衍生而来的，都是自由软件，在 GPL 条约下授权，同时支持 BSD 系统的开发。所以 Webkit 也是自由软件，同时开放源代码。在安全方面不受 IE、Firefox 的制约，所以 Safari 浏览器在国内还是很安全的。

限于 Mac OS X 的使用不广泛和 Safari 浏览器曾经只是 Mac OS X 的专属浏览器，这个内核本身应该说市场范围并不大；但根据最新的浏览器调查，该浏览器的市场似乎已经超过了 Opera 的 Presto——当然这一方面得益于苹果转到 x86 架构之后的人气暴涨，另一方面是因为 Safari 3 终于推出了 Windows 版吧。Mac 下还有 OmniWeb、Shiira 等人气很高的浏览器。

Google Chrome、360 极速浏览器以及搜狗高速浏览器高速模式也使用 Webkit 作为内核(在脚本方面，Chrome 使用 Google 研发的 V8 引擎)。

注意：Webkit 内核在手机上的应用也十分广泛。例如 Google 的手机 Gphone、Apple 的 iPhone、Nokia's Series 60 browser 等所使用的 Browser 内核引擎，都是基于 Webkit 的。

目前，部分浏览器的新版本是双核甚至是多核的，其中一个内核是 Trident，另一个是其他内核。国内的厂商一般把 Trident 称为兼容模式，而把其他内核称为极速模式。360 安全浏览器使用双核，用户可以根据需要进行切换，如图 1.2.4 所示。

图 1.2.4　360 安全浏览器的两种使用模式

1.2.5　浏览器调试程序

为方便开发人员分析与调试页面效果，目前的浏览器都提供了调试功能。按功能键 F12，进入浏览器调试模式后，可以实现如下功能：

(1) 查看和分析页面元素；

(2) 查看和测试页面元素应用 CSS 样式的效果；

(3) 查看 CSS 样式文件、JavaScript 脚本文件等是否加载成功；

(4) 查看 JavaScript 脚本实现的浏览器 Console 控制台输出；

(5) 进行 JavaScript 脚本的动态调试；

(6) 管理浏览器本地存储(参见第 6 章)。

打开浏览器，访问作者教学网站 http://www.wustwzx.com，按功能键 F12 后可进入调试模式，其界面如图 1.2.5 所示。

图 1.2.5 使用浏览器调试模式的一个界面

注意:(1) 通过元素选择工具选择不同的页面元素时,将出现该元素的相关属性(如大小等)。

(2) 通过相关工具,可将调试窗口置于浏览器窗口的下方或右方。

(3) 选择“Network”选项,可以查看图像文件、CSS 样式文件(详见第 3 章)和 JavaScript 文件(详见第 5 章)等是否加载成功。

(4) 对页面里 JavaScript 脚本的调试,参见第 5.1.5 小节。

1.2.6 Cookie 信息与浏览器缓存

访问网站时,Web 服务器可能在客户端硬盘里写一些已经加密处理了的非常小的文本文件,用来记录用户 ID、密码、浏览过的网页、停留时间等信息,这些信息称为 Cookie 信息。

Web 服务器会为来访者在客户端硬盘上自动创建会话标识,它本质上属于 Cookie 信息,有一定的存活时间(即超过一定的时间就失效)。Web 服务器提供了处理 Cookie 信息的相关 API。

在设计网页时,我们会频繁地修改和浏览测试。如果修改后浏览时,页面没有更新,就要考虑清理浏览器缓存了。目前的浏览器都提供了清理浏览器缓存的功能。例如,Google 浏览器清理浏览器缓存数据的方法是:进入浏览器设置→高级→清理浏览数据。

注意：360浏览器的工具菜单提供了清理上网痕迹选项。

网页实际运行时，一个页面可能包含许多图片。大量用户访问时，若不使用HTTP本地缓存策略，即重新从服务器加载，则可能造成服务器负荷过重。HTTP/1.1 304 Not Modified不是服务器发出的错误提示，而是服务器所承载的业务系统在开发时为了节省链路带宽和提升浏览器的体验对GET/js、CSS、image等执行的缓存机制。客户端在第一次对服务器业务发出GET请求后，客户端浏览器就缓存该页面，当客户端第二次对服务器发出同样的GET请求时，若客户端缓存中的If-Modified-Since过期，客户端将向服务器发出GET请求，验证If-Modified-Since和If-None-Match是否与WEB-server中信息一致，如果GET页面未做任何修改，服务器对客户端返回HTTP/1.1 304 Not Modified，客户端则直接从本地缓存中调取页面。

本地开发修改代码后，若按F5刷新未成功，则尝试强制刷新(按Ctrl+F5)。

注意：当强制刷新操作不成功时，才使用清理上网痕迹选项。

1.3 网页设计工具

1.3.1 高效的网页编辑器VS Code

Microsoft在2015年4月30日Build开发者大会上正式宣布了Visual Studio Code(以下简称VS Code)项目：一个运行于Mac OS X、Windows和Linux之上的，针对编写现代Web和云应用的跨平台源代码编辑器。

VS Code集成了一款现代编辑器所应该具备的特性，包括语法高亮(syntax high lighting)，可定制的热键绑定(customizable keyboard bindings)，括号匹配(bracket matching)以及代码片段收集(snippets)。

注意：(1) 访问官网https://code.visualstudio.com/download，可下载VS Code的最新版本。
(2) 基于Node.js(详见第7章)的开发，通常需要VS Code。

1. HTML5文档的一般结构

VS Code提供了对HTML的完美支持。创建一个空白的HTML文档后，只需输入“ht”并选择“html:5”，就能快速产生一个HTML5文档框架，其代码如下：

```
<!DOCTYPE html>
<html lang="en">
<head>
    <meta charset="UTF-8">
    <meta name="viewport" content="width=device-width, initial-scale=1.0">
    <meta http-equiv="X-UA-Compatible" content="ie=edge">
    <title>Document</title>
</head>
<body>
    浏览器窗口里的主体内容
</body>
</html>
```

注意：(1) 一个 HTML 文档使用成对标签<html>和</html>来定义。

(2) 一个 HTML 文档分为头部和主体两个部分，分别使用成对标签<head>、</head>和<body>、</body>来定义。

(3) 头部里的标签<meta charset="UTF-8">用于通知浏览器本文档使用的字符编码。如果不指定，则浏览本页面时，可能会出现中文乱码。

(4) 头部里的标签<meta name="viewport" content="width=device-width, initial-scale=1.0">是对使用移动端访问网站时的设定，让 UI 布局的宽度与移动设备的宽度一致，缩成原始大小，详见第6.7节。

(5) 头部里的成对标签<title>和</title>用于指定浏览器窗口的标题。

(6) 头部里的标签<meta http-equiv="X-UA-Compatible" content="ie=edge">用于兼容 Win 10 自带的 Edge 浏览器。

在 body 部分，输入某个 HTML 标记名称(通常只需输入前几个字母)，就能产生该标记较完整的代码。

使用 VS Code 创建一个 HTML 文档的示例，如图 1.3.1 所示。

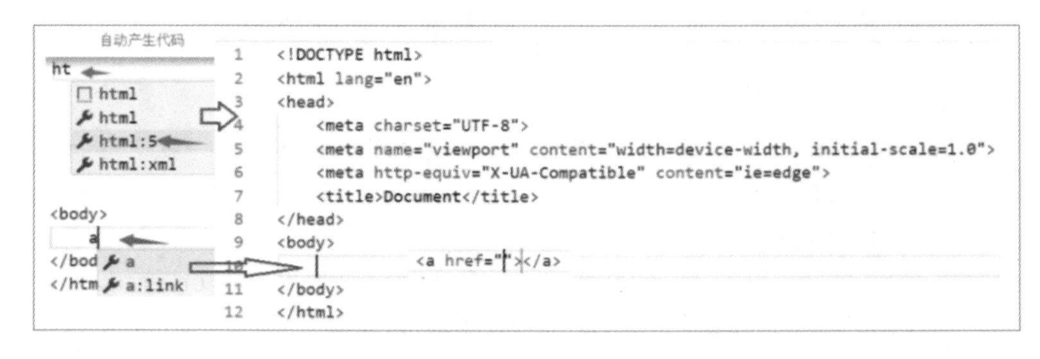

图 1.3.1　使用 VS Code 创建一个 HTML 文档的示例

2. 文档编辑快捷键

VS Code 的若干快捷操作如下：

- 按 Ctrl 和+放大字体，按 Ctrl 和一缩小字体；
- 按 Alt+Shift+F 可格式化文档；
- 按 Alt+Shift+Up(Down)可向上(下)复制一行；
- 按 Ctrl+Shift+K 可删除光标所在的一行；
- 按 Ctrl+/可注释或取消注释(HTML 标签、CSS 样式和 JS 脚本)；
- 按 Ctrl+Enter 可在当前行下方插入一行；
- 按 Ctrl+Shift+Enter 可在当前行上方插入一行。

3. 添加静态页面的即时浏览环境

在 VS Code 里，安装第三方插件后，可以即时浏览 HTML 静态网页，其操作步骤如下：

(1) 单击左边的扩展工具，在搜索文本框里输入"vscode browser sync"，单击相应的插件名称即可在线安装，如图 1.3.2 所示。

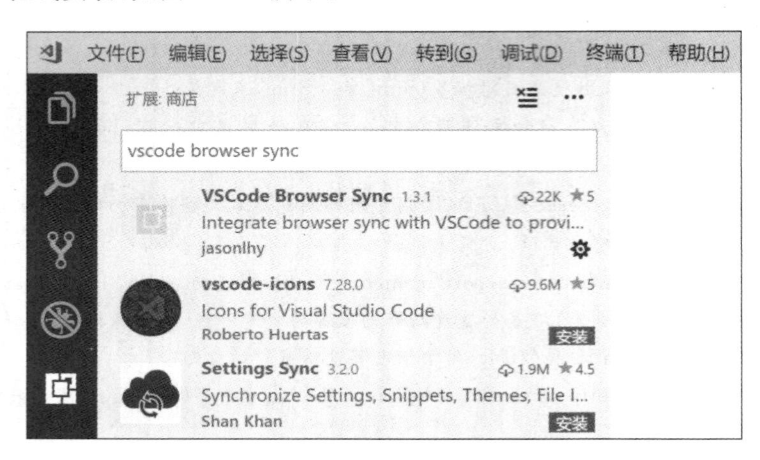

图 1.3.2 在 VS Code 中安装插件

(2) 在编辑状态下，按 Ctrl+P，出现操作对话框。

(3) 在操作对话框里输入"〉"，选择"Browser Sync:Server mode at side panel"，出现路径选择对话框。

(4) 在路径选择对话框里输入"\"并回车，出现页面的同步浏览窗口。

1.3.2 流行的网页设计器——HBuilder

HBuilder 是 DCloud(北京数字天堂信息科技有限责任公司)推出的一款支持 HTML 5 的 Web 开发 IDE。HBuilder 的编写用到了 Java、C、Web 和 Ruby，主体由 Java 编写，基于 Eclipse，兼容 Eclipse 的插件。

访问官网 http://www.dcloud.io，可以下载 HBuilder，获取更多的功能介绍。

HBuilder 的运行界面由菜单栏、工具栏、项目子窗口、编辑子窗口、预览窗口和控制台等组成。其中，HBuilder 内置 Chrome 引擎，通过工具 可以快速打开浏览器控制台，单击选项 Console 能显示 JavaScript 程序(详见第 5 章)的运行状态信息，方便调试和修改源程序。

HBuilder 的常用快捷键如下：

- Ctrl+Shift+/：用于注释若干行代码或取消注释。

- Ctrl+D:用于删除光标所在的一行。
- Ctrl+Enter:在下面产生一个新的空白行。
- Ctrl+Shift+F:代码格式化。
- Ctrl+Shift+W:一次性关闭已经打开的全部文档。

在 HBuilder 中打开不同的页面时,预览窗口能自动切换页面。工具栏里即时放大或缩小文档字体的按钮非常实用,如图 1.3.3 所示。

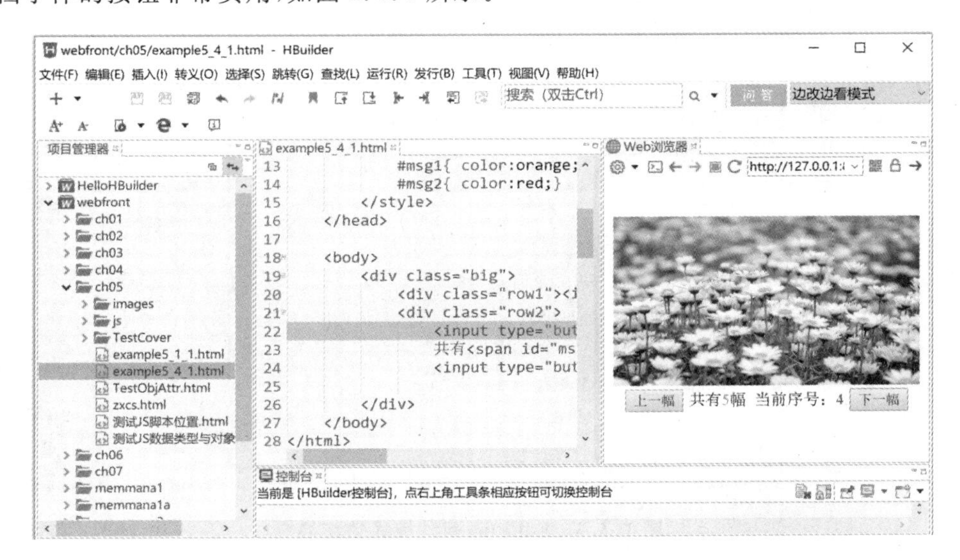

图 1.3.3 HBuilder 工作界面

> **注意**:(1) 本课程主要涉及的页面文档类型是静态的 HTML。
> (2) 在本教材中,文档编码统一为 utf-8。
> (3) 默认文档类型一般选择 HTML 4 或 HTML 5(参见第 6 章)。

1.3.3 网页文档快速修改工具 EditPlus 和 NotePad

DW CS6 非常适合初学者,但它启动速度较慢是网站开发人员所难以容忍的。网站开发人员经常使用 EditPlus、NotePad 和 Sublime Text 进行页面的快速修改,因为它们比 DW CS6 有更快的启动速度,也都有高亮着色功能。

> **注意**:后台开发人员通常会选择一个集成开发环境 IDE,如.NET 开发人员常用 Visual Studio,Java(Web)开发人员常用 Eclipse(MyEclipse)等。这些 IDE 都能对 HTML、CSS 和 JavaScript 进行很好的编辑。

1. 增强型的文本编辑软件 EditPlus

EditPlus 是一款增强型的文本编辑工具。编辑网页文档时,关键字使用不同的色彩来区分。遗憾的是,EditPlus 没有自动提示功能。

使用 EditPlus 编辑 HTML 时,可按预览工具 [图标] 浏览页面。在浏览模式下,按铅笔工

具 ✎ 可返回编辑状态。两种模式的切换，如图 1.3.4 所示。

图 1.3.4　EditPlus 两种模式的切换

2. NotePad

使用 NotePad 编辑网页文本时的效果，如图 1.3.5 所示。

```
C:\wamp2\www\webFront\ch02\TestForm2.html - Notepad++
文件(F) 编辑(E) 搜索(S) 视图(V) 编码(N) 语言(L) 设置(T) 工具(O) 宏(M) 运行(R) 插件(P) 窗口(W) ?
TestForm2.html
1  <html>
2  <head>
3      <meta charset="utf-8">
4      <title>文件上传表单</title>
5  </head>
6  <body>
7      <form action="" method="post" enctype="multipart/form-data">
8          请选择文件：<input type="file" name="wjy">
9          <input type="submit" value="上传">
10     </form>
11 </body>
12 </html>
```

图 1.3.5　NotePad 编辑界面

使用 NotePad 编辑网页文本，具有如下特点：

(1) 对 HTML 标签有自动提示功能；

(2) 对已经出现的单词(包括中文)有自动提示功能；

(3) 代码块可折叠；

(4) 支持代码无级缩放(按住 Ctrl＋鼠标滑轮)；

(5) 文档编码转换功能，如从 GBK 转换成 utf-8。

1.4 使用网页三剑客制作网页素材

1.4.1 图形图像处理软件概述

美国 Macromedia 公司推出的 Dreamweaver、Fireworks 和 Flash，业界称为网页三剑客，而称 Dreamweaver、Photoshop 和 Flash 为新网页三剑客。目前版本的 Photoshop 软件也能完成动画的制作。

Adobe Fireworks 可以加速 Web 的设计与开发，是一款创建与优化 Web 图像和快速构建网站与 Web 界面原型的理想工具，同时具备编辑矢量图形与位图图像的灵活性。此外，使用 Fireworks 还可以制作简单的 GIF 动画。

Flash 是 Macromedia 公司所设计的二维动画软件，全称 Macromedia Flash（被 Adobe 公司收购后称为 Adobe Flash），主要用于设计和编辑 Flash 文档。附带的 Macromedia Flash Player，用于播放 Flash 文档。

Photoshop 是一款专业的平面图像处理软件，处理范围包括色彩、亮度、尺寸、各种样式、效果及滤镜应用等，通过图层和通道等各种技巧实现对图像的任意组合、变形，还提供了对结果图形进行优化、输出各种图像格式的功能。

1.4.2 使用 Fireworks 或 Photoshop 编辑图像

网站前台开发工作通常包含了图像处理工作。例如，图像处理（将 IMPOSSIBLE 修改为 GOOD）前后的效果对照，如图 1.4.1 所示。

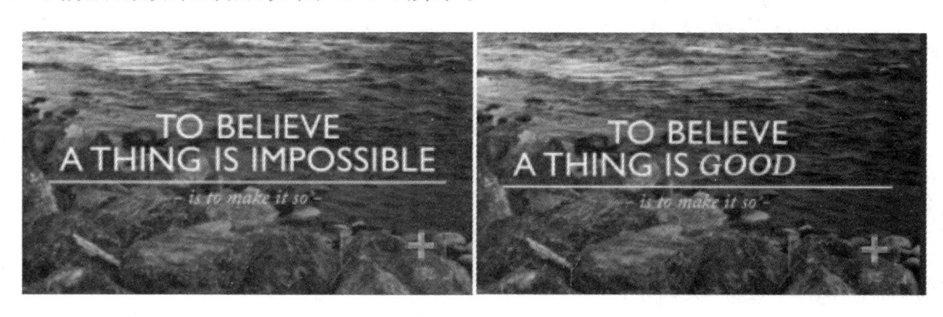

图 1.4.1　图像处理前后的效果对照

完成上面处理工作的步骤如下。

（1）使用 Fireworks 打开图像文件，按组合键“Ctrl＋”适当放大图像。

（2）选取橡皮图章工具，并根据图片修改面积的大小，在属性面板中调整笔刷的大小。

（3）在图片的背景色处按住 Ctrl 键的同时单击鼠标左键（这样做是为了使要修改的地方的颜色与原背景色保持一致），然后把鼠标放到要修改的文字的地方单击鼠标左键。不断重复以上步骤，直到要去除的文字完全被去除。

（4）使用文字工具，在刚才擦除的地方输入单词“GOOD”并在属性面板中选择相近的字体和大小。此时，单词“GOOD”与其他字母的颜色存在较大的差别。

（5）将单击颜色按钮时出现的吸管工具移到图片中的字母上后单击，然后将吸取的颜色应用到单词“GOOD”上。此时，单词“GOOD”与其他字母颜色较接近。

注意：（1）使用文字工具 输入文字时，将自动创建一个图层。

（2）使用的背景色是纯色时，先使用套索工具 ，再使用吸管工具 ，最后使用油漆桶工具 或按 Ctrl+Delete 键（在 Photoshop 中）实现填充。

1.4.3 使用 Flash 制作动画

动画与电影的基本原理都是利用人眼视觉的残留特性，即人体的视觉器官在看到物体消失后仍可保留视觉印象。人体的视觉印象在人眼中大约可保持 0.1 秒。

在计算机动画中，以关键帧为基础，通过程序自动生成中间帧。当人的视觉器官看到以每秒 24 帧的速度播放的画面时，人便产生了画面流畅的感觉。

使用 Flash 制作动画时，源文件以.fla 格式保存，导出的动画以.swf 格式保存。

一个使用 Flash 制作的文字动画的界面（参见实验一），如图 1.4.2 所示。

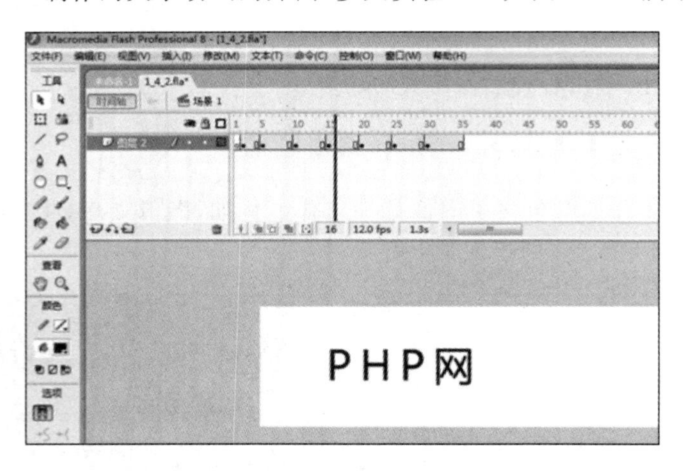

图 1.4.2　使用 Flash 软件制作动画

该动画制作的主要步骤如下。

（1）启动 Flash Professional，新建一个 ActionScript 文档，设置好舞台的宽度和高度，设置帧频为 12.0fps，按确定按钮。

（2）单击工具栏上的文本工具，设置文本大小为 36 点，在舞台上按下左键拖动鼠标，当文本框有一定长度后，松开鼠标，舞台上出现一个文本框，同时时间轴上的第一帧变成关键帧（有实心黑点）。

（3）在文本框中输入一个大写字母 P，即完成第一个关键帧的设计。

（4）用鼠标选中时间轴上的第 5 帧，按下键盘上的 F6，在文本框中输入大写字母 H，完成第二个关键帧的设计。

（5）按步骤（4）的方法，完成“PHP 网站开发”本文关键帧的设计。

(6) 用鼠标选中时间轴上的第 35 帧，在“插入”菜单中，选择插入“空白关键帧”，使得文本逐字播完后在舞台上有一段留空时间。

(7) 在“控制”菜单中，选择“测试影片”，观看效果，若有问题，修改错误后再测试，直到没有错误为止。

(8) 保存文件，在“文件”菜单中，选择“发布设置”，默认设置即可，按确定键完成动画的设计。

1.4.4 切图形成网页素材

给客户开发网站时，美工人员需要先画出界面(特别是主页)的效果图，待客户认可后，开始切图以形成网站素材文件，最后将其加载到网页里。

Photoshop 和 Fireworks 软件均提供了实现切图功能的切片工具。切图完成后，生成格式为.htm 的网页文件和所有切片的图像文件(.jpg 格式)。其中，网页文件以表格(详见第 2 章)形式引用了所有的切片图像文件。在 Fireworks 中，切图操作的过程如下：

(1) 打开图片，选择 Web 工具栏中的切片工具，在图片中间画一个矩形，原图片就被切成 5 个小图片，如图 1.4.3 所示。

图 1.4.3 将一幅图片切成 5 个小图片

(2) 在“文件”菜单中选择“导出”命令，在弹出的对话框中设置切片、文件名和导出选项，单击“保存”按钮，即可完成切片任务，如图 1.4.4 所示。

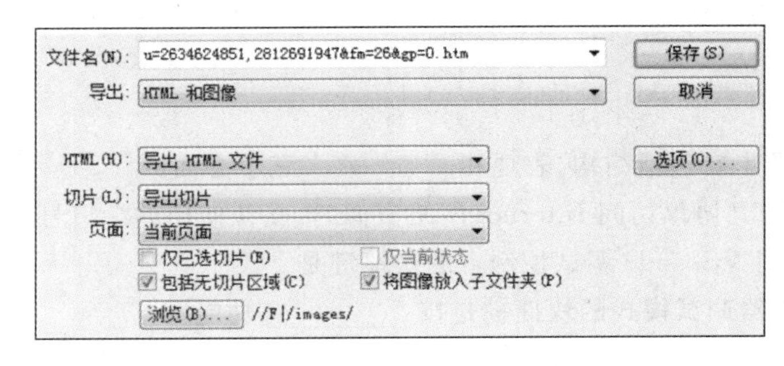

图 1.4.4 Fireworks 切图导出设置

注意：切图结果是得到了一个图片网页和容纳 5 个切片的子文件夹。

习题 1

一、判断题

1. 网络协议是分层的，其中 HTTP 是传输层的协议。
2. 网站采用的工作模式是 C/S 体系。
3. 一个网站只有一个主页，通过它可以链接到其他页面。
4. 在一个网站系统里，Web 服务器和数据库服务器所使用的端口是不同的。
5. Web 服务器对客户端请求的响应信息是 HTML 格式的。

二、选择题

1. 下列不属于网站服务器基本要素的是__________。
   A. 访问域名　　B. 工作目录　　C. 页面　　D. 站内搜索
2. 访问 WAMP 默认站点的方法是登录__________。
   A. www. localhost　　B. ftp://localhost
   C. http://localhost　　D. http://www. localhost
3. 用户通过浏览器访问网站服务器时所使用的通信协议是__________。
   A. TCP/IP　　B. HTTP　　C. WWW　　D. SOAP
4. 缩写 WAMP 中，表示服务端脚本语言的是__________。
   A. W　　B. A　　C. M　　D. P
5. 单击 WAMP 图标，不包含的操作选项是__________。
   A. 关闭 WAMP　　B. 访问本地站点
   C. 进入 WWW 目录　　D. 进入 MySQL
6. 在 VS Code 编辑状态下，下列不出现在右键菜单中的是__________。
   A. View In Browser　　B. 格式化文件
   C. 命令面板　　D. 终端
7. 下列软件中，擅长动画制作的是__________。
   A. Dreamweaver　　B. Fireworks
   C. Flash　　D. Photoshop

三、填空题

1. Web 标准主要包括结构、表现和__________三个方面。
2. 通过 HTTP 协议访问 Internet 网络资源时，默认使用的端口号是__________。
3. 打开/关闭 VS Code 调试控制台的快捷键是__________。
4. 进入浏览器调试模式的快捷键是按__________功能键。
5. WAMP 是英文 Windows+Apache +__________+PHP 的缩写。
6. 使用 HBuilder 或 VS Code 开发网页时，文档默认使用的编码是__________。

实验 1□□□

一、实验目的

（1）掌握使用 WampServer 搭建本地 PHP 网站的方法。

（2）掌握网页设计软件 VS Code 的使用。

（3）掌握网页设计软件 HBuilder 的使用。

（4）了解静态网页与动态网页的区别。

（5）掌握浏览器动态调试的方法。

（6）了解使用网页三剑客制作及处理网页素材的方法。

二、实验内容及步骤

预备 访问 http://www.wustwzx.com/webfront/index.html，下载本次实验的相关素材并解压，得到文件夹 media。

1.搭建本地 PHP 网站的开发及运行环境 WampServer

（1）检查是否存在文件夹 c:\wamp，若没有，访问 http://www.wustwzx.com，在 PHP 课程的下载专区里下载 WampServer，安装并创建启动 WampServer 的桌面快捷方式。

（2）启动 WampServer，任务栏右方托盘的颜色变为绿色，表明 Web 服务器和 MySQL 服务器已经正常工作了。

（3）单击 WampServer 图标，选择“Localhost”，即相当于在浏览器地址栏里输入 http://localhost。此时，可查看 WampServer 默认站点主页里的相关信息。

2.使用 VS Code 或 HBuilder 作为网页设计工具

（1）访问 http://www.wustwzx.com，在本课程的下载专区里下载 VS Code，安装并创建启动它的桌面快捷方式。

（2）单击 WampServer 图标，选择“www directory”，进入 WAMP 默认站点根目录。

（3）创建与本课程对应的文件夹 webfront，再创建文件夹 ch01，拟作为用户站点。

（4）启动 VS Code，使用菜单“文件”→“打开文件夹”，选择文件夹 ch01；也可将文件夹 ch01 拖拽至 VS Code 的编辑窗口。

（5）在用户站点 ch01 里，新建名为 TestStaticPage.html 的网页文件，粘贴本课程网站 http://www.wustwzx.com/webfront/index.html 实验一里对应的代码。

（6）为 VS Code 添加静态页面的即时浏览环境（详见第 1.3.1 小节），呈现页面浏览效果。

（7）使用 HBuilder 打开文件夹 ch01，再打开文件 TestStaticPage.html，最后设置 HBuilder 为边改边看模式。

3.静态页面与动态页面的区别、浏览器动态调试

（1）新建名为 TestDynamicPage.php 的网页文件，粘贴本课程网站实验一里对应的代码。

（2）单击 WampServer 图标→选择“Localhost”→单击 ch01→单击 TestStaticPage.html，按 F12 进入浏览器调试界面。选择 Elements 选项，可见其代码与源文件代码相同。

(3) 单击 WampServer 图标→选择“Localhost”→单击 ch01→单击 TestDynamicPage.php，按 F12 进入浏览器调试界面。选择 Elements 选项，可见 HTML 代码与源文件代码相同，但源文件位于〈? php 和?〉里的服务器代码运行后解析为具体的日期与时间信息。

4. 使用相关软件处理网页素材

(1) 访问素材文件夹，将 media 复制到文件夹 ch01 里。

(2) 下载图像处理软件 Fireworks 并安装。

(3) 对比文件夹 ch01 里的两幅图片 1_4_1a.jpg 和 1_4_1b.jpg 可知，后者是修改前者的字母 P 为字母 A。

(4) 使用 Fireworks 打开文件 1_4_1a.jpg，按 Ctrl 键和“＋”适当放大图像。

(5) 先使用橡皮图章工具 擦除字母 P(同时复制了背景色)，然后使用文字工具输入字母 A，最后编辑文字的大小、字体和颜色(需要使用吸管工具)。

(6) 下载图像处理软件 Photoshop 并安装。

(7) 使用 Photoshop 打开文件 1_4_1a.jpg，先使用套索工具选取字母 P 所在的区域，使用吸管工具调整背景色后按 Delete 键，余下的操作同(5)。

(8) 下载动画设计软件 Flash 并安装。

(9) 使用 Flash 打开动画文件 1_4_2.fla，按回车键播放该动画。

(10) 查看其中的 7 个关键帧(对应于时间轴上的实心点)。

(11) 使用“文件”菜单将文件 1_4_2.fla 导出为.swf 格式的动画文件(命名为 1_4_2.swf)。

(12) 使用拷屏键、QQ 或 360 截图工具将所需要的图像信息复制到剪贴板里。

(13) 在 Photoshop 或 Fireworks 中依次使用快捷键“Ctrl＋N”和“Ctrl＋V”。

(14) 使用“文件”菜单的“另存为”命令，将当前图像保存为.jpg 格式的(素材)文件。

(15) 使用 Photoshop 或 Fireworks 打开一个图像文件。

(16) 使用切片工具切图后将文件另存(或导出)为 Web 格式，得到所需要的素材。

三、实验小结及思考

(由学生填写，重点写上机中遇到的问题。)

第2章 使用 HTML 标签组织页面内容

HTML 是 hypertext markup language(超文本标记语言)的英文缩写，是用来编写网页的语言。网页里的文本、列表、图像、超链接、表格和表单等，都是使用 HTML 标签制作的。HTML 标签根据作用分为两大类，一类是声明性标签，另一类是用来呈现页面元素(或对象)的标签。本章的学习要点如下：

- 掌握 HTML 文档的一般结构(分为头部与主体)；
- 掌握常用 HTML 标签的使用方法，特别是文本、图像和超链接标签的使用；
- 掌握表格的制作方法；
- 掌握表单的制作及其工作原理，特别是文本型表单与文件上传表单的使用区别。

2.1 HTML 语言概述

学习任何一门语言，都要首先掌握它的基本格式，就像写信需要符合书信的格式要求一样。HTML 标签语言也不例外，同样需要遵从一定的规范。

HTML 文档的基本格式，主要包括〈! doctype〉文档类型声明、〈html〉根标签、〈head〉头部标签、〈body〉主体标签。

〈! doctype〉标签位于文档的最前面，它与浏览器的兼容性相关。删除〈! doctype〉，就是把如何展示 HTML 页面的权力交给浏览器。这时，对于不同类型的浏览器，同一页面可能有不同的显示效果。

2.1.1 HTML 标签名称与属性

1. 基本标签 html、head 和 body

〈html〉标签位于〈! doctype〉标签之后，也称为根标签，用于告知浏览器其自身是一个 HTML 文档，〈html〉标签标志着 HTML 文档的开始，〈/html〉标签标志着 HTML 文档的结束，在它们之间的是文档的头部和主体内容。

〈head〉标签用于定义 HTML 文档的头部信息，也称为头部标签，紧跟在〈html〉标签之后，主要用来封装其他位于文档头部的标签，例如〈title〉、〈meta〉、〈link〉及〈style〉等，用来描述文档的标题、作者以及和其他文档的关系等。

一个 HTML 文档只能含有一对〈head〉标签，绝大多数文档头部包含的数据都不会真正作为内容显示在页面中。

〈body〉标签用于定义 HTML 文档所要显示的内容，也称为主体标签。浏览器中显示的所有文本、图像、音频和视频等信息都必须位于〈body〉标签内，〈body〉标签中的信息才是最终展示给用户看的。

一个 HTML 文档只能含有一对〈body〉标签，且〈body〉标签必须在〈html〉标签内，位于

〈head〉头部标签之后，与〈head〉标签是并列关系。

使用HTML制作网页时，如果想让HTML标签提供更多的信息，可以使用HTML标签的属性加以设置。其基本语法格式如下：

```
〈标签名 属性1="属性值1"  属性2="属性值2" …〉网页元素〈/标签名〉
```

在上面的语法中，标签可以拥有多个属性，属性必须写在开始标签中，位于标签名后面。属性之间不分先后顺序，标签名与属性、属性与属性之间均以空格分开。任何标签的属性都有默认值，省略该属性则取默认值。例如：

```
〈h1 align="center"〉标题文本〈/h1〉
```

其中align为属性名，center为属性值，表示标题文本居中对齐。对于标题标签，还可以设置文本左对齐或右对齐，对应的属性值分别为left和right。如果省略align属性，标题文本则按默认值左对齐显示，也就是说，〈h1〉〈/h1〉等价于〈h1 align="left"〉〈/h1〉。

在HTML页面中，带有"〈〉"符号的元素被称为HTML标签，如上面提到的〈html〉、〈head〉、〈body〉都是HTML标签。

HTML文档中，〈标签名〉表示该标签的作用开始，称为开始标签，而〈/标签名〉表示该标签的作用结束，称为结束标签。

注意：和开始标签相比，结束标签在标签名前面增加了关闭符"/"。

单标签也称空标签，是指用一个标签符号即可完整地描述某个功能的标签。其基本语法格式如下：

```
〈标签名/〉
```

在HTML中，注释标签是一种特殊的标签，是用于阅读和理解但又不需要显示在页面中的注释文字，其语法格式如下：

```
〈!—注释内容—〉
```

注意：注释内容不会显示在浏览器窗口中，但是作为HTML文档内容的一部分，也会被下载到用户的计算机上，查看源代码时可以看到。

书写HTML页面时，经常会在一对标签之间再定义其他的标签。HTML中把这种标签间的包含关系称为标签的嵌套。一个示例代码如下：

```
〈p align="center"〉
  〈font color="#979797" size="2"〉
      更新时间：2018年09月28日14时08分 来源：〈font color="blue"〉教学网站〈/font〉
  〈/font〉
〈/p〉
```

在嵌套结构中，HTML元素的样式总是遵从"就近原则"。如上面代码中的"教学网站"这几个文字的颜色会遵从最靠近它的〈font〉标签，而size属性遵从外层的〈font〉标签，对齐属性则遵从最外层的〈p〉标签。

2. 页面头部

制作网页时，经常需要设置页面的基本信息，如页面的标题、作者、和其他文档的关系等。为此，HTML 提供了一系列标签，这些标签通常都写在 head 标签内，因此被称为头部相关标签。

〈title〉标签用于定义 HTML 页面的标题，即给网页取一个名字，必须位于〈head〉标签之内。一个 HTML 文档只能含有一对〈title〉〈/title〉标签，〈title〉〈/title〉之间的内容将显示在浏览器窗口的标题栏中。其基本语法格式如下：

```
〈title〉网页标题名称〈/title〉
```

〈meta /〉标签用于定义页面的元素信息，可重复出现在〈head〉头部标签中，在 HTML 中是一个单标签。〈meta /〉标签通过"名称/值"的形式定义页面的相关参数，例如为搜索引擎提供网页的关键字、作者姓名、内容描述以及定义网页的刷新时间等。使用〈meta /〉标签为搜索引擎提供信息的基本格式如下：

```
〈meta name="名称" content="值"/〉
```

(1) 设置网页关键字，name 属性的值为 keywords，content 属性值用于定义关键字的具体内容，多个关键字之间用逗号"，"分隔。例如：

```
〈meta name="keywords" content="Java 桌面开发,Java EE 开发,Android 移动开发"/〉
```

(2) 设置网页描述，name 属性的值为 description，content 属性值用于定义描述的具体内容。例如：

```
〈meta name="description" content="描述网站的内容"/〉
```

(3) 设置网页作者等版权信息，name 属性值为 author，content 属性值用于定义具体的作者及版权信息。例如：

```
〈meta name="author" content="WUST,Wzx"/〉
```

在〈meta /〉标签中，使用 http-equiv/content 属性可以设置服务器发送给浏览器的 HTTP 头部信息，为浏览器显示该页面提供相关的参数。其中，http-equiv 属性提供参数类型，content 属性提供对应的参数值。

```
〈meta http-equiv="名称" content="值"/〉
```

注意：默认会发送〈meta http-equiv="Content-Type" content="text/html"/〉，即通知浏览器发送的文件类型是 HTML。

(4) 设置页面使用的字符集编码为 utf-8 的代码如下：

```
〈meta http-equiv="Content-Type" content="text/html;charset=utf-8"/〉
```

(5) 若想页面自动刷新与跳转，需要设置 http-equiv 属性值为 refresh，设置 content 属性值为数值(以秒为单位)和 url 地址，其间使用分号"；"隔开。例如，定义某个页面 10 秒后跳转至本课程教学网站的代码如下：

```
〈meta http-equiv="refresh" content="10;url=http://www.wustwzx.com/webfront/index.
html"/〉
```

3. 控制标签

为了使网页更语义化，我们经常会在页面中用到标题标签，HTML 提供了〈h1〉、〈h2〉、〈h3〉、〈h4〉、〈h5〉和〈h6〉，从〈h1〉到〈h6〉是 6 个等级的标题标签，其用法格式如下：

```
〈hn align="对齐方式"〉标题文本〈/hn〉
```

该语法中 n 的取值为 1 到 6，align 属性为可选属性，用于指定标题的对齐方式。

align 属性设置对齐方式，其取值如下。

- left：设置标题文字左对齐(默认值)；
- center：设置标题文字居中对齐；
- right：设置标题文字右对齐。

〈p〉是 HTML 文档中最常见的标签，默认情况下，文本在一个段落中会根据浏览器窗口的大小自动换行。在网页中要把文字有条理地显示出来，离不开段落标签，就如同我们平常写文章一样，整个网页也可以分为若干个段落，而段落的标签就是〈p〉。

```
<p align="对齐方式">段落文本</p>
```

在网页中常常看到一些水平线将段落与段落之间隔开，使得文档结构清晰，层次分明。这些水平线可以通过插入图片实现，也可以简单地通过如下标签来完成。

```
<hr />
```

在 HTML 中，一个段落中的文字会从左到右依次排列，直到浏览器窗口的右端，然后自动换行。如果希望某段文本强制换行显示，可以使用如下标签。

```
<br />
```

注意：HTML 文档里的换行方式，不同于在 Word 中敲回车键换行。

2.1.2 实体标签元素分类

块元素(block element)和内联元素(inline element)都是 HTML 中规范的概念。块元素和内联元素的基本差异是块元素一般都从新行开始。HTML 中，产生实体的标签元素有三种不同类型：块状元素、行内元素、行内块状元素。

1. 块级元素

每个块级元素都从新的一行开始，并且其后的元素也另起一行；元素的高度、宽度、行高以及顶和底边距都可设置；元素宽度在不设置的情况下，是它本身父容器的100%(和父元素的宽度一致)。常用的块级元素有〈div〉、〈p〉、〈h1〉、…、〈h6〉、〈ol〉、〈ul〉、〈table〉和〈form〉等。

2. 行内元素

行内元素和其他元素都在一行上；元素的高度、宽度及顶部和底部边距不可设置；元素的宽度就是它包含的文字或图片的宽度，不可改变。常用的行内元素有〈a〉、〈br〉、〈i〉、〈strong〉和〈label〉等。

3. 行内块级元素

行内块级元素和其他元素都在一行上；元素的高度、宽度、行高以及顶和底边距都可设置。常用的行内块级元素有〈img〉和〈input〉等。

注意：当加入了 CSS 样式(详见第 3 章)控制以后，块元素和内联元素的这种属性差异就消失了。

2.1.3 网页文档编码与 meta 标签

1. 文档编码及转换

计算机是由美国人发明的，当时使用的字符编码是 ASCII 码。中国人通过对 ASCII 编码的中文扩充改造，产生了 GB2312 编码，收录了 6763 个汉字和 682 个非汉字的图形字符。为了表示繁体和其他更多的字符，对 GB2312 编码进行扩充，产生了 GBK 编码。为了支持不同的民族语言，又产生了 GB18030 编码。

世界上不同国家都有自己的字符编码，于是出现了各种各样的编码，如果不安装相应的编码，就无法解释相应编码想表达的内容。为了解决编码各自为政的状况，国际标准化组织 ISO 制定了一种名为 Unicode 的编码，它包含了世界上的所有文字。所以，只要计算机上有 Unicode 这种编码系统，无论是全球哪种文字，只需要保存文件的时候，保存成 Unicode 编码就可以被其他计算机正常解释。Unicode 在网络传输中，出现了两个标准 UTF-8 和 UTF-16，分别每次传输 8 个位和 16 个位。

注意：(1) UTF-8 编码较 GB2312 和 GBK 而言，占用更多的存储空间。
(2) 如果面向的使用人群都是中国人，可以使用 GBK 编码。
(3) 为了网页的通用，推荐所有的网页都使用 UTF-8 编码。

Windows 自带的文本编辑器提供了文本编码的转换功能。其中，ANSI 是默认的编码方式。将文档编码转换为 UTF-8 的操作方法，如图 2.1.1 所示。

图 2.1.1 使用记事本程序转换文档编码

注意：(1) EditPlus 和 NotePad 等编辑软件，都提供了文档编码转换功能。
(2) ANSI 并不是一种独立的编码体系，它是 GB2312 或 Big5 的代名词。

2. 使用 meta 标签设定文档编码

在 VS Code 中，新建一个 HTML 文档时，其页面头部里自动产生一个 meta 标签，使用 charset 属性来指定文档的编码，代码如下：

```
<meta charset="utf-8">
```

浏览器在渲染页面时，根据 meta 标签设定的汉字编码 UTF-8 来显示汉字，不会出现乱码。

注意：编辑器 VS Code 对汉字采用 UTF-8 编码方式，如果设置标签 meta 的 charset 属性值为 GBK，则浏览页面时会出现乱码。也就是说，页面声明的中文编码方案要与文档编辑软件所使用的中文编码方案一致。

2.1.4 特殊字符

为了将 HTML 标签语法中的某些字符作为普通文本，HTML 为这些特殊字符准备了替代的 HTML 代码，如表 2.1.1 所示。

表 2.1.1 HTML 特殊字符及其代码

特殊字符	描述	HTML 代码
空格	空格符	
<	小于	<
>	大于	>
&	和	&
¥	人民币	¥
©	版权	©
®	注册商标	®
°	摄氏度	°
±	正负	±
×	乘	×
÷	除	÷

2.1.5 HTML 色彩与度量单位

1. HTML 色彩

颜色由红色（red）、绿色（green）、蓝色（blue）三种基色混合而成，简称 RGB。每种颜色的最小值是 0（十六进制为 #00），最大值是 255（十六进制为 #FF）。

许多 HTML 标签会涉及色彩。例如，标签〈font〉使用 color 属性来指定字体颜色，标签〈td〉使用 bgcolor 属性来指定表格单元格的背景颜色，编辑 CSS 样式时，使用 CSS 样式属性 color 来指定 HTML 元素的颜色。

大多数的浏览器都支持颜色名集合，仅仅有 16 种颜色名被 W3C 的 HTML 4 标准所支持，它们分别是 aqua、black、blue、fuchsia、gray、green、lime、maroon、navy、olive、purple、red、silver、teal、white 和 yellow。

如果需要使用其他颜色，则需要使用十六进制的颜色值，它是以“#”开头的六位十六进制数。

RGB 色彩模式是工业界的一种颜色标准，它通过对红(R)、绿(G)、蓝(B)三个颜色通道的变化以及它们相互之间的叠加来得到各式各样的颜色。这个标准几乎包括了人类视力所能感知的所有颜色，是目前运用最广的颜色系统之一。RGBA 是对 RGB 的扩展，其中 A 表示 Alpha(不透明度参数)。

使用 CSS 样式修饰页面元素时，CSS 样式属性值还可以使用与十六进制颜色值等效的 rgb()形式。九种常用颜色的两种使用形式，如图 2.1.2 所示。

Color	Color HEX	Color RGB
	#000000	rgb(0,0,0)
	#FF0000	rgb(255,0,0)
	#00FF00	rgb(0,255,0)
	#0000FF	rgb(0,0,255)
	#FFFF00	rgb(255,255,0)
	#00FFFF	rgb(0,255,255)
	#FF00FF	rgb(255,0,255)
	#C0C0C0	rgb(192,192,192)
	#FFFFFF	rgb(255,255,255)

图 2.1.2　九种常用十六进制颜色值及其等效的 rgb()形式

注意：(1) 使用色彩函数 rgb()或 rgba()可以得到更多的色彩。
(2) 函数 rgb()的参数是十进制数，且只能作为 CSS 样式属性值，而不能作为标签属性值。
(3) 函数 rgba()的使用，参见例 5.5.3(遮罩效果设计)。

2. HTML 度量单位

在 HTML 文档里，字体除了有颜色特性外，还有大小特性。表格和图像等页面元素，也需要有度量大小的单位。HTML 中，度量大小的单位主要如下。

- px：像素单位，表示计算机屏幕上的一个点。
- %：百分比，相对于当前屏幕尺寸的百分比。
- em：相对于当前字体尺寸的倍数。

注意：(1) 文本段落通常首字母缩进 2 个字符，对〈p〉标签应用 CSS 样式 text-indent:2em 即可。
(2) 页面布局时使用百分比单位，能自动适应屏幕大小。

2.2 简单的 HTML 标签

2.2.1 文本样式标签

网页文本及段落的控制，与 Word 是不同的。多种多样的文字效果可以使网页变得更加绚丽，为此 HTML 提供了文本样式标签〈font〉，用来控制网页中文本的字体、字号和颜色。其基本语法格式如下：

```
〈font 属性="属性值"〉文本内容〈/font〉
```

〈font〉标签常用的属性如下。

- face：设置文字的字体，例如微软雅黑、黑体、宋体等。
- size：设置文字的大小，可以取 1 到 7 之间的整数值。
- color：设置文字的颜色。

注意：(1) 文本区隔标签〈span〉是普通文本的一种容器，其内不能再内嵌其他标签。使用〈span〉标签来组合文档中的行内元素。被〈span〉划分的不同区域，可以应用不同的 CSS 样式(参见第 3 章)。

(2) label 标签主要用于绑定一个表单元素，单击 label 标签的时候，被绑定的表单元素就会获得输入焦点。

(3)〈label〉标签为 input 元素定义标注(标记)。label 元素不会向用户呈现任何特殊效果。不过，如果用户在 label 元素内单击文本，就会触发此控件。也就是说，当用户选择该标签时，浏览器会自动将焦点转到和标签相关的表单控件上。〈label〉标签的 for 属性应当与相关元素的 id 属性相同。label 标记为标注标记，该标记支持与其他用户交互式控件进行绑定，并代替被绑定控件触发相应的事件，绑定的方法是：将 for 属性值指定为目的控件(绑定控件)的 id。一般情况下，在使用单选框和复选框时用 label 绑定比较常见。

2.2.2 文本格式化标签

在网页中，有时需要为文字设置粗体、斜体或下划线效果，这时就需要用到 HTML 中的文本格式化标签，使文字以特殊的方式显示，常用的文本格式化标签如下。

- 〈strong〉或〈b〉：文字以粗体方式显示。
- 〈/i〉或〈em〉：文字以斜体方式显示。
- 〈del〉或〈s〉：文字以加删除线方式显示。
- 〈u〉或〈ins〉：文字以加下划线方式显示。

2.2.3 滚动标签

成对标签〈marquee〉用于产生滚动对象，基本格式如下：

```
〈marquee〉滚动对象〈/marquee〉
```

〈marquee〉标签的可选属性如下。

- width 和 height：定义滚动对象的矩形范围的大小。
- bgcolor 和 align：设置背景色和对齐方式。
- direction：定义的方向，默认是自左向右。
- scrollamount：定义滚动的速度。

注意：(1) 滚动对象，除了文字外，还可以为一组图片(电影胶片效果)。

(2) 如果将〈marquee〉标签嵌入表格的单元格标签内，那么此时对象就在单元格内滚动。

(3) 如果希望鼠标经过时停止滚动，则需要定义 marquee 对象的事件及其处理方法，参见第 5 章客户端脚本。

2.2.4 列表标签

在 HTML 页面中，使用列表将相关信息放在一起，会使内容显得有条理，且易于控制外观样式。列表包含无序列表与有序列表两种类型。

1. 无序列表

无序列表的各个列表项之间没有顺序级别之分，是并列的。其基本语法格式如下：

```
〈ul〉
        〈li〉列表项 1〈/li〉
        〈li〉列表项 2〈/li〉
        〈li〉列表项 3〈/li〉
        ……
〈/ul〉
```

在上面的语法中，〈ul〉〈/ul〉标签用于定义无序列表，〈li〉〈/li〉标签嵌套在〈ul〉〈/ul〉标签中，用于描述具体的列表项，每对〈ul〉〈/ul〉中至少应包含一对〈li〉〈/li〉。

无序列表中 type 属性的常用值有如下三种。

- disc：默认值，显示为实心圆●。
- circle：圆，显示为○。
- square：方块，显示为■。

注意：(1) 不推荐使用无序列表的 type 属性，一般通过 CSS 样式属性替代。

(2) 〈li〉与〈/li〉之间相当于一个容器，可以容纳所有元素。

(3) 〈ul〉〈/ul〉中只能嵌套〈li〉〈/li〉，直接在〈ul〉〈/ul〉标签中输入文字的做法是不允许的。

2. 有序列表

有序列表即有排列顺序的列表，其各个列表项按照一定的顺序排列定义。有序列表的基本语法格式如下：

```
<ol>
    <li>列表项 1</li>
    <li>列表项 2</li>
    <li>列表项 3</li>
......
</ol>
```

在上面的语法中，<ol></ol>标签用于定义有序列表，<li></li>为具体的列表项，和无序列表类似，每对<ol></ol>中至少应包含一对<li></li>。

在有序列表中，通常使用 start 属性，其默认值为 1。

2.2.5 超链接与锚点链接标签

1. 超链接

在 HTML 中创建超链接非常简单，只需用<a></a>标签环绕需要被链接的对象即可。其基本语法格式如下：

```
<a href="跳转目标" target="目标窗口的弹出方式">文本或图像</a>
```

在上面的语法中，<a>标签是一个行内标签，用于定义超链接，href 和 target 为其常用属性。

href 属性值用于指定链接目标的 url 地址，当为<a>标签应用 href 属性时，它就具有了超链接的功能。

target 用于指定链接页面的打开方式，其取值可以有如下多种：

(1) _self 为默认值，表示在当前窗口中打开。

(2) _blank 表示在新窗口中打开。

(3) 取值为某个框架时，表示将目前页面在指定的框架里打开(参见第 4.4 节站点主页设计)。

注意:(1) 暂时没有确定链接目标时，通常将<a>标签的 href 属性值定义为“#”(即 href="#")，表示该链接暂时为一个空链接。

(2) 不仅可以创建文本超链接，而且可以在网页中为各种网页元素，如图像、表格、音频、视频等添加超链接。

(3) 当 href 属性值不是网页文件(如压缩文件)时，要进行文件的下载操作。

(4) 对超链接也可定义事件并由客户端脚本来响应(参见第 5 章)。

创建图像超链接时，在某些浏览器中，会为图像添加边框效果，从而影响页面的美观。

为了不影响页面的美观，通常需要去掉图像的边框效果，使图像正常显示。去掉链接图像的边框很简单，只需将图像的边框定义为 0 即可，代码如下所示：

```
<a href="#"><img src="images/logo.gif" border="0"/></a>
```

2. 锚点链接

通过创建锚点链接，用户能够快速定位到目标内容。

创建锚点链接分为两步：

使用〈a href="页面地址#id名"〉链接文本〈/a〉创建链接文本。

使用相应的id名标注跳转到目标的位置。

页面锚点链接的一个测试示例是，在浏览器地址栏中输入：

```
http://www.wustwzx.com/as/sy/sy05.html#mk3
```

注意：若省略#前的页面地址，就表示当前页面的锚点链接。

2.2.6　图像标签

要想在网页中显示图像就需要使用图像标签，其基本语法格式如下：

```
〈img src="图像URL"/〉
```

其中，src属性必填，用于指定图像文件的路径和文件名。图像可以是相对当前页面的站内资源，也可以是绝对的网络资源。引用站内资源文件的示例代码如下：

```
〈img src="logo.gif"/〉/*或〈img src="./logo.gif"/〉，
                                        图像文件与网页文件位于同一目录*/
〈img src="images/logo.gif"/〉/*图像文件位于网页文件所在目录的子目录images里*/
〈img src="../images/logo.gif"/〉
                          /*图像文件位于网页文件所在目录的上一级子目录images里*/
```

注意：(1) 图像文件格式可以是.png、.gif、.jpg和.bmp，但不能是.swf的动画文件。

(2) 对站内资源的引用，一般使用相对路径(相对于当前页面的路径)。

(3) 网页里使用正斜杠"/"表示资源路径，而Windows文件路径使用反斜杠"\"。

(4) 表示上一级路径的"../"可以连用。

2.3　表　　格

2.3.1　表格定义及属性设置

在HTML网页中，要想创建表格，就需要使用与表格相关的标签。创建表格的基本语法格式如下：

```
〈table〉
    〈caption〉表格标题〈/caption〉
    〈tr〉
        〈td〉单元格内的内容〈/td〉
        ...
    〈/tr〉
    ...
〈/table〉
```

定义表格标题的标签〈caption〉是任选的，表格标题默认居中。

上面的语法语句包含三对 HTML 标签，分别为〈table〉〈/table〉、〈tr〉〈/tr〉、〈td〉〈/td〉，它们是创建表格的基本标签，缺一不可。

成对标签〈table〉和〈/table〉用于定义一个表格，其主要属性如下。

- width 和 height 属性用于定义表格宽度和高度，其单位可以是绝对单位（像素），也可以使用百分比表示的相对单位。默认情况下，表格的宽度和高度靠其自身的内容来支撑。要想更改表格的尺寸，就需对其应用宽度属性 width 或高度属性 height。
- border 属性用于指定边线的宽度。border="0"是默认值，表示无边框。
- cellspacing 属性用于设置单元格内容与单元格边框之间的空白间距，单位为像素，默认值为 1px（双线效果）。

成对标签〈tr〉和〈/tr〉用于定义表格中的一行，它必须嵌套在〈table〉〈/table〉标签中。一个表格有若干行，因此，需要在〈table〉和〈/table〉里嵌套若干对〈tr〉和〈/tr〉。

成对标签〈td〉〈/td〉用于定义表格中的单元格，它必须嵌套在〈tr〉和〈/tr〉标签里。一行由若干单元格组成，因此，在每对〈tr〉和〈/tr〉里，需要嵌套若干对〈td〉和〈/td〉。〈td〉标签的主要属性如下：

- bgcolor 属性用于设置表格的背景颜色；
- background 属性用于设置表格的背景图像；
- align 属性用于定义单元格内容的对齐方式；
- width 和 height 属性用于定义单元格的宽度和高度。

注意：(1) 表单内容最终存放在成对标签〈td〉和〈/td〉表示的单元格里。

(2) 单元格〈td〉〈/td〉里可以嵌套表格〈table〉〈/table〉。

(3) 〈tr〉〈/tr〉中只能嵌套〈td〉〈/td〉，直接在〈tr〉〈/tr〉标签中输入文字的做法是不允许的。

(4) 表格设置 border 属性才会有线条，再设置属性 cellspacing="0"，就以单线代替默认的双线。

2.3.2 表格行定义及属性设置

制作网页时，可能需要表格中的某一行特殊显示，这时就可以为行标签〈tr〉定义属性。标签〈tr〉的常用属性，如表 2.3.1 所示。

表 2.3.1 标签〈tr〉常用属性

属性名	含义	常用属性值
height	设置行高度	像素值
align	设置一行内容的水平对齐方式	left、center、right
valign	设置一行内容的垂直对齐方式	top、middle、bottom
bgcolor	设置行背景颜色	预定义的颜色值、十六进制 #RGB、rgb(r,g,b)
background	设置行背景图像	url 地址

注意：(1) 〈tr〉标签无宽度属性 width，其宽度取决于表格标签〈table〉。

(2) 对〈tr〉标签应用 valign 属性，用于设置一行内容的垂直对齐方式。

(3) 虽然可以对〈tr〉标签应用 background 属性，但是在〈tr〉标签中此属性不兼容问题严重。

2.3.3 表格单元格定义及属性设置

在网页制作过程中，有时仅仅需要对某一个单元格进行控制，这时就可以为单元格标签〈td〉定义属性，其常用属性如表 2.3.2 所示。

表 2.3.2　标签〈td〉常用属性

属 性 名	含 义	常用属性值
width	设置单元格的宽度	像素值
height	设置单元格的高度	像素值
align	设置单元格内容的水平对齐方式	left、center、right
valign	设置单元格内容的垂直对齐方式	top、middle、bottom
bgcolor	设置单元格的背景颜色	预定义的颜色值、十六进制 # RGB、rgb(r,g,b)
background	设置单元格的背景图像	url 地址
colspan	设置单元格横跨的列数（用于合并水平方向的单元格）	正整数
rowspan	设置单元格竖跨的行数（用于合并竖直方向的单元格）	正整数

注意：(1) 在〈td〉标签的属性中，重点掌握 colspan 和 rolspan，其他的属性了解即可，不建议使用，均可用 CSS 样式属性替代。

(2) 当对某一个〈td〉标签应用 width 属性设置宽度时，该列中的所有单元格均会以设置的宽度显示。

(3) 当对某一个〈td〉标签应用 height 属性设置高度时，该行中的所有单元格均会以设置的高度显示。

表头一般位于表格的第一行或第一列，其文本加粗居中。设置表头非常简单，只需用表头标签〈th〉〈/th〉替代相应的单元格标签〈td〉〈/td〉即可。

2.3.4 表格单元格合并

制作规则的矩形表格是容易的。然而，在实际开发中，可能需要对某些连续的单元格进行合并处理。此时，需要对〈td〉标签分别应用 colspan 属性（用于横向合并）或 rowspan 属性（用于纵向合并）。

注意：在 DW 的设计窗口中，拖拽可以选择连续的若干单元格，在连续单元格的右键菜单里包含了“合并单元格”功能。

例 2.3.1 表格制作示例。

下面的表格制作，综合了表格宽度使用相对单位、边线宽度设置、相对单元格合并和对齐方式等，表格浏览效果如图 2.3.1 所示。

奖金发放表

姓名	金额	操作	
张三	3200	修改	删除
李四	2900	修改	删除

图 2.3.1　例 2.3.1 制作的表格

制作表格的页面代码如下：

```
<!DOCTYPE html>
<html lang="en">
<head>
    <meta charset="UTF-8">
    <title>表格练习</title>
</head>
<body>
    <table border="1" width="80%" cellspacing="0">
        <caption>奖金发放表</caption>
        <!--标签 tr 的 bgcolor 属性-->
        <tr bgcolor="grey">
        <!--<tr bgcolor="#c0c0c0">-->
        <!--<tr style="background-color:rgb(192,192,192);">-->
            <th>姓名</th>
            <th>金额</th>
            <th colspan="2">操作</th>
        </tr>
        <tr>
            <td>张三</td>
            <td align="right">3200</td>
            <td align="center"><a href="#">修改</a></td>
            <td align="center"><a href="#">删除</a></td>
        </tr>
        <tr>
            <td>李四</td>
            <td align="right">2900</td>
            <td align="center"><a href="#">修改</a></td>
            <td align="center"><a href="#">删除</a></td>
        </tr>
    </table>
</body>
</html>
```

2.4 表　单

2.4.1 表单及其工作原理

form 表单是 HTML 的一个重要组成部分，负责采集和提交用户输入的信息。一个典型的用户登录界面，如图 2.4.1 所示。

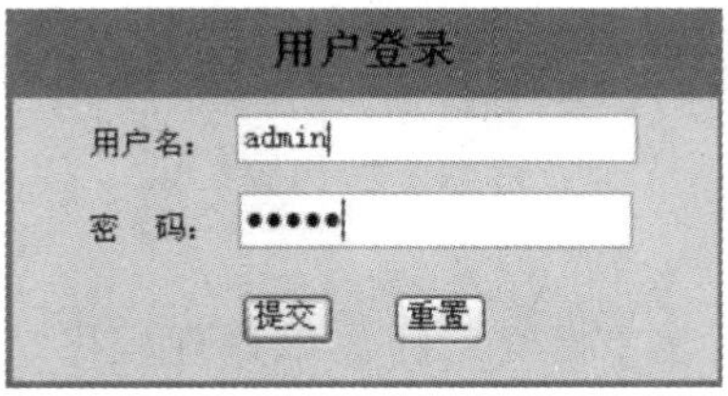

图 2.4.1　用户登录表单

当用户在表单中输入信息完毕并单击“提交”按钮时，所输入的信息就会发送到服务器。服务器接收到用户信息后，就由服务器端脚本进行处理，通常包含对数据库的操作，最后把处理结果以 HTML 文档的格式发送给客户端，并由客户端的浏览器解释执行。

表单主要分为表单标签和表单控件。其中，表单控件又可细分为表单域和按钮控件。常见的表单域包括单行文本框、密码框、多行文本框、单选按钮、复选框、下拉列表选择框等。

在表单域录入数据后，可通过表单的特殊控件来处理。submit 提交按钮将数据传递给服务器端程序处理；button 命令按钮将数据交给 JS 程序处理；reset 按钮用于清空文本域数据。表单是实现网页浏览者与服务器之间信息交互的一种页面元素。在 Web 客户端，表单填写方式可分为输入文本、单选按钮与复选框以及从下拉列表中选择选项等，它们都是通过表单控件产生的，表单的最后一般会放置一个提交按钮。设计表单时，需要使用的多种标签，如图 2.4.2 所示。

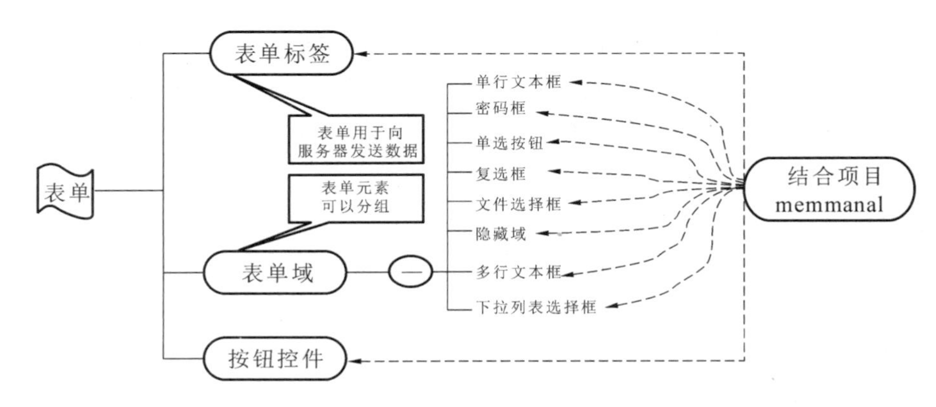

图 2.4.2　表单及其相关标签

2.4.2 表单定义与基本使用

一个表单，包含如下三个组成部分。

- 表单标签：成对的〈form〉标签。
- 表单域：用于实现文本输入等功能的表单元素，它们必须内嵌在〈form〉标签里。
- 表单按钮：主要指提交表单数据至 Web 服务器的按钮。

表单定义需要使用成对标签〈form〉和〈/form〉，内嵌若干表单元素，最后一个元素为表单提交按钮，其代码架构如下。

```
〈form method="post|get" action="" name=""〉
  ……〈!--表单域--〉
  〈input type="submit" value="提交"〉
〈/form〉
```

1. action 属性

表单属性 action 用来定义表单提交后的表单处理程序，该程序存放在 Web 服务器端，通常扩展名为 ASP、JSP、PHP 等。在单击表单的“提交”按钮后，就会从表单页面跳转至 action 指定的服务器页面。

2. method 属性

method 属性指出提交表单的方式，取值 get 或 post，分别对应于 get 请求和 post 请求。其中，get 是默认方式。

当 method 取值 get 时，浏览页面时会在浏览器的地址栏里呈现用户输入的数据，而 post 方法不会显示。

注意：(1) 如果指定处理表单的服务器端程序，通常使用 post 方式。此时，提交表单后，将跳转至服务器页面。

(2) 如果表单定义包含在某个动态页面里，则通常不指定 action 属性值，由该页面处理。此时，称为表单自处理。

如果在表单中设置了 action 属性值为一个动态页面，则表明指定了服务器端的处理程序，此时就必须在表单的最后(结束标签〈/form〉前)定义一个提交按钮；而重置按钮是任选的，它将复位(清零)各种表单控件的输入操作。提交按钮和重置按钮是两个特殊的命令按钮，下面分别介绍。

3. 提交按钮

提交按钮分为文本型和图像型两种。文本型提交按钮的定义方法如下：

```
〈input type="submit" value="提交"〉
```

其中 input 是标签名，type 属性的值只能是 submit，value 属性的值可以更改。

图像型提交按钮的定义方法如下：

```
〈input type="image" src="图像文件名"/〉
```

其中 src 属性的值是一个图像文件名。

4. 重置按钮

重置按钮的定义方法如下：

```
<input type="reset" value="重置"/>
```

其中 value 属性值可以更改，如“重填”等。

5. 命令按钮

命令按钮的定义方法如下：

```
<input type="button" value="提交" OnClick="客户端脚本方法名()"/>
```

其中，type="button"是定义命令按钮的关键属性(值)；属性 value 定义出现在按钮上的文本，由网页设计者设定；OnClick 是浏览器支持的事件(不是属性!)，表示鼠标单击。对事件的响应有多种方式，这将在第 5 章介绍。

注意：(1) 上述三种按钮中 value 属性的值，既是按钮的标签(即出现在按钮上的文字)，又是表单提交后传送给服务器的值。

(2) 命令按钮与提交按钮一般不同时使用，有重置按钮就会有提交按钮。

(3) 命令按钮可以在表单外使用，而提交按钮和重置按钮必须在表单内使用。

2.4.3 常用表单域

表单域是指表单标签内部包含的 HTML 元素，如用于文本输入的文本框和实现选择输入的下拉列表框等。

1. 文本框、密码框和多行文本框

文本框的定义如下：

```
<input type="text" name=? size=?>
```

其中，type="text"定义文本框的主要属性(值)；name 属性用于定义表单元素名称，一般要选用，因为脚本程序按名访问表单里的元素；size 是任选属性，表示文本框显示的字符宽度。

注意：width 也是<input>标签的宽度属性，但它以像素为单位。在文本框中，需要调整文本框的显示宽度时，一般选用 size 属性，而不选用 width 属性。

文本框里输入的文本会原样显示在屏幕上，而密码框则不然。定义密码框的格式如下：

```
<input type="password" name=?>
```

其中 type="password"是定义密码框的主要属性(值)，name 属性的含义同上。

注意：密码框可以认为是文本框的变种。

文本框默认只能写一行，若有多于一行的信息，则需要使用多行文本框，例如用户留言、用户反馈意见等，其定义方法如下：

```
<textarea rows="显示的行数" cols="每行中的字符数" name="元素名">
初始文本</testarea>
```

注意：(1) 属性 rows 及 cols 实际上是定义可视区域的大小的，当用户输入的信息超过这个区域时，需要使用滚动条进行操作控制。

(2) 可以认为多行文本框是(单行)文本框的扩充。

(3) 由于不同浏览器对 cols 和 rows 属性的显示效果可能会有差异，所以在实际工作中，更常用的方法是使用 CSS 样式属性 width 和 height 来定义多行文本输入框的大小。

2. 单选按钮与复选框

单选按钮表示在一组选项中，只能选择一项，非此即彼。例如，输入性别、等级等。按钮未选中前是空心圆圈，选中后变成实心圆饼。

```
<input type="radio" value="值 1" name="radio" checked>选项标识 1
<input type="radio" value="值 2" name=?>选项标识 2
……
<input type="radio" value="值 n" name=?>选项标识 n
```

- type="radio"定义单选按钮的主要属性(值)。
- 一般地，单选按钮位于其标签文本的左边。
- 用于定义单选按钮组的<input>标签的 name 属性值必须相同！
- checked 属性是一个特别的任选属性，用于设置默认选择和判断哪一项被选择。
- value 属性用于指定服务器端的表单处理程序获取的值，也就是表单提交的值。

复选框表示在一组选项中，可以选择一项或多项。例如，输入兴趣爱好、网上考试的多选题等。在页面浏览时，复选框表现为勾选"√"效果。复选框的定义方法如下：

```
<input type="checkbox" value=? name=? checked>选项标识 1
<input type=" checkbox " value=? name=?>选项标识 2
……
<input type="checkbox" value=? name=?>选项标识 n
```

- type="checkbox"定义复选框的主要属性(值)。
- name 属性值不是必须相同的。
- checked 属性及 value 属性的含义同上。

3. 下拉列表框与列表框

下拉列表框在网页中经常使用，它初始时只显示一个列表列，浏览者通过单击它才能显示全部列表项。当列表项特别多时，需要配合滚动条的使用，才能选择某个列表项。下拉列表设计的要点如下：

(1) 使用成对标签<select>和</select>定义一个下拉列表。

(2) 使用成对标签<option>和</option>定义列表项。

(3) 对某个<option>标签，selected 属性后的选项将作为默认选择项。

下拉列表框定义的一个示例代码如下：

```
所学专业：
<select>
    <option>软件工程</option>
    <option>计算机及应用</option>
    <option>计算机网络技术</option>
    <option>信息安全</option>
</select>
```

上面代码的浏览效果，如图 2.4.3 所示。

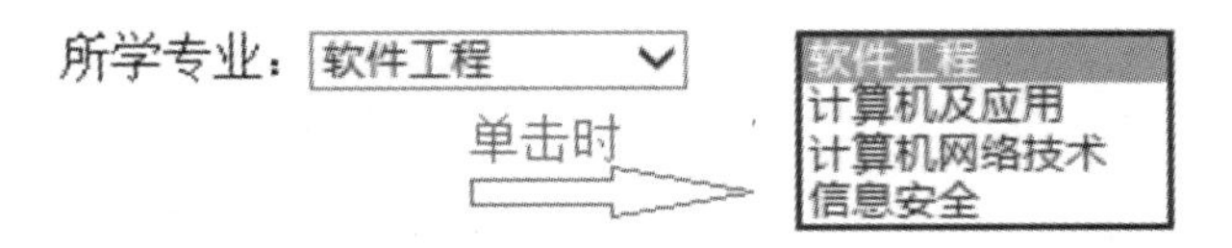

图 2.4.3　下拉列表浏览效果

> **注意**：实际项目里，需要对每个<option>标签设置 value 属性值作为提交的备选值。

列表框是下拉列表框的变形。在列表框中，浏览者可以看到多条列表项，其数目由 size 属性指定，配合列表框的滚动条，还可以选择其他的列表项。下面是定义列表框的一个示例：

```
<select name="select2" size="4">
    <option>计算机应用基础</option>
    <option>办公软件</option>
    <option>数据库应用基础</option>
    <option>C 语言</option>
    <option>网页设计</option>
</select>
```

- 列表框是下拉列表框的变形，多了 size 属性。
- 列表框有备选属性 selected，表示默认选择。
- 下拉列表框在网页中较常用。
- 在脚本中访问下拉列表框和列表框这两个对象时，通常使用 selected 属性来判断浏览者的选择。

4. 隐藏域

隐藏域在页面中对于用户是不可见的，在表单中插入隐藏域的目的在于收集或发送信息，以利于被处理表单的程序所使用。浏览者单击发送按钮发送表单的时候，隐藏域的信息也被一起发送到服务器。

例如，用户登录后，可以修改除用户名之外的信息。因为表单处理程序根据用户名信息来进行修改，所以，在修改表单里，应使用隐藏域来提交用户名信息。

在以表单方式提交客户端信息至服务器时，有些信息可能不是由操作者输入的，而是以隐藏方式向服务器传送的信息。定义隐藏域的方法如下：

```
<input type="hidden" value=? name=?>
```

- type="hidden"定义隐藏域的主要属性(值)。
- 与文本框相比,隐藏域少了用户输入,也不可见。

5. 表单元素分组

当表单里包含较多的元素时,通过标签<fieldset>来实现信息的分组。内嵌标签<legend>还可以建立组标题。表单元素分组的示例用法如下:

```
<fieldset>
    <legend>分组标题</legend>
    <!--组内容器控件定义-->
</fieldset>
```

2.4.4 文件域与文件上传

文件上传在网页设计中经常使用。在表单页面里,定义文件域的代码如下:

```
<input type="file" name="表单元素名" size="文件选择框宽度"/>
```

其中:type="file"表示文件域;name属性定义文件选择框的名称,以便表单处理程序按名访问该元素;size属性是任选属性,指定文件选择框的宽度(以字符为单位)。

浏览包含文件域的表单页面时,会出现文件选择对话框。当用户单击"浏览"按钮时,将弹出"文件选择"对话框,用户可以在本地选择文件。选择了文件之后,单击"打开"按钮,则被选文件的完整路径将出现在文件选择框内。文件域的浏览效果,如图2.4.4所示。

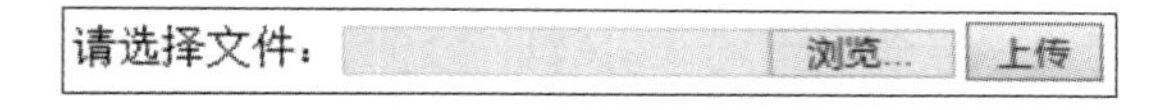

图2.4.4 文件域浏览效果

包含文件域的表单页面的一个示例代码如下:

```
<html>
<head>
  <meta charset="utf-8">
  <title>文件上传表单</title>
</head>
<body>
  <form action="" method="post" enctype="multipart/form-data">
        请选择文件:<input type="file" name="wjy">
       <input type="submit" value="上传">
  </form>
</body>
</html>
```

注意:表单包含文件域时,为了实现文件上传功能,需要对标签<form>指定属性enctype="multipart/form-data",代替默认的属性enctype="application/x-www-form-urlencoded"。

例 2.4.1 表单制作。

一个较为综合的表单页面的浏览效果,如图 2.4.5 所示。

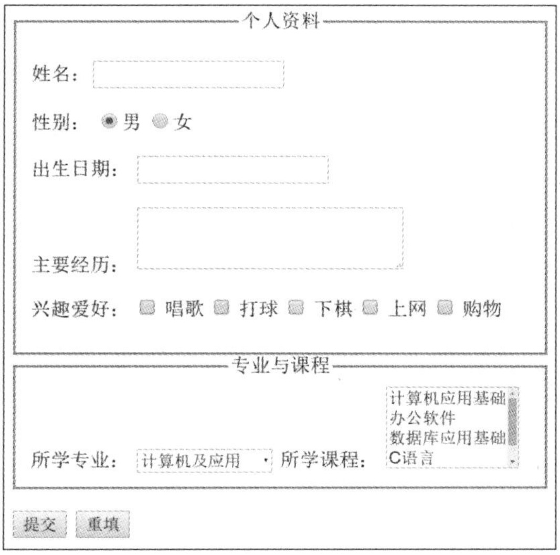

图 2.4.5 表单页面浏览效果

在图 2.4.5 所示的表单里,除文本外,依次包括文本框、单选按钮、列表框、复选框、下拉列表框、提交按钮和重置按钮等。此外,该表单对表单元素进行了分组,分为“个人资料”组和“专业与课程”组;“提交”和“重填”是两个特殊的命令按钮。

页面代码如下:

```
<!DOCTYPE>
<meta charset="UTF-8">
<title>对较多表单元素进行分组的表单</title>
<form>
    <fieldset>
      <legend align="center">个人资料</legend>
      <p>姓名:<input type="text" name="username">
      <p>性别:
        <input name="xb" type="radio" checked value="男">男
        <input name="xb" type="radio" value="女">女
        <p>出生日期:
          <input type="text" name="birthday">
          <p>主要经历:
            <textarea name="textarea" rows="3" cols="25"></textarea>
            <p>兴趣爱好:
              <input type="checkbox" name="ah" value="01"> 唱歌
              <input type="checkbox" name="ah" value="02"> 打球
              <input type="checkbox" name="ah" value="03"> 下棋
```

```
            <input type="checkbox" name="ah" value="04"> 上网
            <input type="checkbox" name="ah" value="05"> 购物
      </fieldset>
   <fieldset>
      <legend align="center">专业与课程</legend>
      所学专业：
      <select name="select">
        <option>软件工程</option>
        <option selected>计算机及应用</option>
        <option>计算机网络技术</option></select>
      所学课程：
        <select name="select2" size="4">
        <option>计算机应用基础</option>
        <option>办公软件</option>
        <option>数据库应用基础</option>
        <option>C语言</option>
        <option>网页设计</option></select>
   </fieldset>
   <p><input type=submit value="提交"/>
     <input type=reset value="重填"/>
 </form>
```

习题 2

一、判断题

1. 声明 HTML 文档相关信息的标签〈meta〉一般出现在文档的头部。
2. HTML 色彩及度量有多种表示。
3. button 类型的按钮只能出现在表单里。
4. 在 HTML 中，name 属性值可以重复，而 id 属性值不可重复。
5. 定义文本框、各种按钮、复选框所使用的标签名是不同的。

二、选择题

1. 下列文本修饰标签中，实现斜体的是__________。
   A. 〈strong〉　　B. 〈u〉　　C. 〈sub〉　　D. 〈i〉
2. 标签〈font〉的__________属性用来设置字体。
   A. size　　B. color　　C. class　　D. face
3. 下列标签中，用来产生滚动效果的是__________。
   A. span　　B. ul　　C. img　　D. marquee
4. 制作带边框且单线分隔的表格，需要对 table 同时应用 border 和__________属性。
   A. width　　B. height　　C. cellspacing　　D. align
5. 指定表单处理程序，应使用的属性是__________。
   A. method　　B. value　　C. action　　D. option
6. 列表选择中定义列表项所使用的标签是__________。
   A. 〈select〉　　B. 〈area〉　　C. 〈li〉　　D. 〈option〉
7. 下列只能出现在表单里的元素是__________。
   A. 下拉列表框　　B. 文本框
   C. 复选框　　D. submit 提交按钮
8. 表单元素__________提交的多个值构成一个数组。
   A. 〈input type="password"〉　　B. 〈input type="checkbox"〉
   C. 〈input type="file"〉　　D. 〈input type="radio"〉
9. 表单里表示隐藏域的是__________。
   A. 〈input type="hidden"〉　　B. 〈input type="file"〉
   C. 〈input type="none"〉　　D. 〈input type="disabled"〉
10. 设置下拉列表和单选按钮组的默认选择，应使用的属性分别是__________。
    A. selected 和 checked　　B. checked 和 selected
    C. selected 和 selected　　D. checked 和 checked

三、填空题

1. 在网站开发中，对站点内页面的链接一般应采用__________对引用方式。

2. 在网站开发中，对网络资源的引用一般应采用__________对引用方式。

3. 水平合并表格的若干连续的单元格，需要对〈td〉或〈th〉应用__________属性。

4. 提交表单数据到服务器页面必须使用〈form〉的__________属性。

5. 将文本框改造为密码输入，应设置 type 属性值为__________。

6. 表单提交至服务器的值，就是定义表单元素时设置的__________属性的属性值。

7. 设置单选按钮和复选框的默认值，应使用__________属性。

8. 设置下拉列表的默认值，应使用__________属性。

9. 空格在 HTML 文档里作为语义分隔符，作为文本内容的空格的 HTML 标签是__________。

10. 设置供搜索引擎使用的关键词，应在 meta 标签里同时设置 name 和 content 属性。其中，name 属性值设置为__________。

实验 2□□□

一、实验目的

(1) 掌握 HTML 控制标签的用法。

(2) 掌握 HTML 实体标签的用法。

(3) 掌握表格的作用及制作方法。

(4) 掌握表单的制作方法。

二、实验内容及步骤

预备 访问 http://www.wustwzx.com/webfront/index.html,单击第 2 章实验,下载本章实验的相关素材并解压,得到文件夹 ch02,将其复制到 wamp\www,在 HBuilder 中打开该文件夹。

1. HTML 常用控制标签的使用

(1) 新建 HTML 文档,并选择"边改边看模式"。

(2) 在〈body〉及〈/body〉内输入"测试文档编码声明",按 Ctrl+S 保存。观察浏览窗口中的中文显示为乱码。

(3) 选中标签〈meta charset="utf-8"〉,按组合键 Ctrl+Shift+/注释后,按 Ctrl+S 保存文档,观察浏览窗口里的中文乱码。

(4) 将标签定位在〈meta〉标签那一行,再次按组合键 Ctrl+Shift+/取消注释后,按 Ctrl+S 保存文档,观察浏览窗口里的中文正常显示。

(5) 在文本"中国"和"武汉"之间插入多个空格符。

2. HTML 常用实体标签的使用

(1) 输入超链接标签〈a href="http://www.wustwzx.com"〉教学网站〈/a〉,保存文档后,在浏览窗口里测试。

(2) 输入一段文本,使用〈font〉标签设置字体、字号和大小后保存文档,在浏览窗口里测试。

(3) 分别使用斜体、加粗和下划线标签,做文本修饰测试。

(4) 使用标签〈img〉相对引用项目文件夹 images 里的图像,并做更改图像显示大小的测试。

(5) 使用标签〈ul〉及〈li〉显示湖北省的主要城市列表。

(6) 打开浏览器,访问 http://www.wustwzx.com/as/sy/sy05.html#mk3,做文档内部的锚点链接测试。

3. 使用 HTML 标签制作表格(参见例 2.3.1)

(1) 打开浏览器,访问 http://www.wustwzx.com/webfront/sy/ch02/example2_3_1.html,按 F12 进入浏览器调试模式,查看表格各标签元素的作用。

(2) 插入成对标签〈table〉及〈/table〉。

(3) 分别设置表格的宽度属性 width="200"和边框属性 border="1"。

(4) 定义表格的标题〈caption〉课程表〈/caption〉。

(5) 在首对标签〈tr〉及〈/tr〉内，插入若干成对标签〈th〉及〈/th〉，定义表格的首行。

(6) 插入成对标签〈tr〉及〈/tr〉，在其内插入若干成对标签〈td〉及〈/td〉，输入表格数据。

(7) 完成一个课程表的制作。

4. 使用 HTML 标签制作表单（参见例 2.4.1）

(1) 打开浏览器，访问 http://www.wustwzx.com/webfront/sy/ch02/example2_4_1.html，按 F12 进入浏览器调试模式，查看表单各标签元素的作用。

(2) 新建名为 TestForm.html 的 HTML 文档。

(3) 在〈body〉及〈/body〉内输入表单标签〈form〉及〈/form〉。

(4) 在〈form〉及〈/form〉内输入用于用户登录的文本框及密码框。

(5) 输入用户提交的按钮。

(6) 分别对〈form〉应用属性 method="get"和属性 method="post"，做浏览测试时，观察浏览器地址栏的变化。

三、实验小结及思考

（由学生填写，重点写上机中遇到的问题。）

第3章 使用 CSS 样式设置页面外观

在第 2 章的学习中，我们知道页面元素都有默认的外观，使用 HTML 标签属性可以改变它们的外观。在实际项目开发中，为了实现快速开发、统一网站风格，通常使用 CSS (cascading style sheets，层叠样式表)技术。CSS 用来设置页面元素的外观，配合 div 进行精确的页面布局，配合 JavaScript 脚本动态地对网页元素进行格式化。本章学习要点如下：

- 掌握 CSS 的概念及作用；
- 掌握 CSS 选择器的作用及使用；
- 掌握常用 CSS 样式属性(字体、宽高、背景、对齐、边框、显示和填充等属性)；
- 掌握块级元素(如表单等)与行内元素(如图像等)的区别及转换方法；
- 掌握使用上下文样式来精确控制页面元素外观的方法；
- 掌握 CSS3 常用样式的使用。

3.1 CSS 样式概述

CSS 的出现，将页面内容与样式彻底分离，极大地改善了 HTML 在页面显示方面的缺陷。

使用 CSS 可以控制 HTML 标签的显示样式，如页面的布局、字体、颜色、背景和图文混排等效果。CSS 不仅可以静态地修饰网页，还可以配合各种脚本语言动态地对网页各元素进行格式化(详见第 5 章)。

在网站的风格方面，一个 CSS 样式文件可以在多个页面中使用，当用户修改 CSS 样式文件时，所有引用该样式文件的页面外观都随之发生改变。

> **注意**：(1) CSS 并不从属于 HTML。
>
> (2) 把 CSS 样式应用于 HTML，可以扩展 HTML 功能，如调整字间距、行间距和取消超链接默认下划线等效果，是 HTML 本身无法实现的功能。

CSS 的发展历程从始至今，共经历了 4 个版本：

1996 年 12 月，第一个 CSS 规范成为 W3C 的推荐标准，主要包括基本的样式功能、有限的字体支持和有限的定位支持。

1998 年 5 月，CSS 2 作为 W3C 推荐标准发布，其中包含了声音、分页媒介(打印)以及更好的字体支持和定位支持。

2010 年 12 月，CSS 3 版本全新推出，通过模块化结构可以及时调整模块的内容，方便版本的更新与发布。

2012 年 9 月开始设计 CSS Level4 版本，到目前为止，极少数功能被浏览器厂商所支持。

使用 HTML 时，需要遵从一定的规范，CSS 亦如此。CSS 样式的定义，如图 3.1.1

所示。

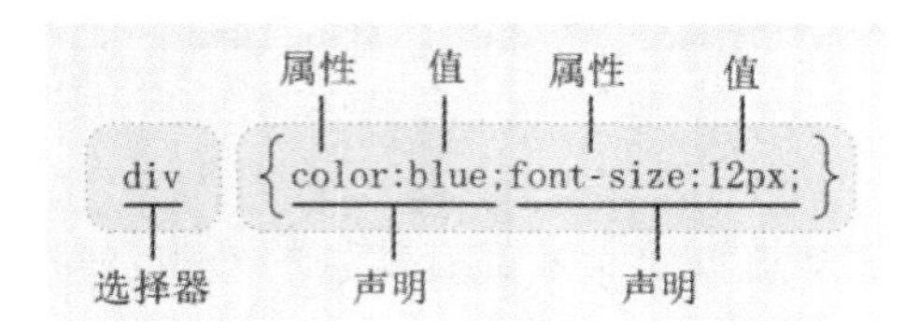

图 3.1.1　CSS 样式的定义

其中，第一项必须是选择器或选择器表达式，一个选择器可以包含有一个或多个声明。选择器之后紧跟一对大括号，每个声明由属性和属性值组成，且位于大括号之内，声明之间需以英文分号进行间隔。

注意：最后一个声明的最后样式值后面的英文分号可以省略。

选择器用于指定 CSS 样式作用的 HTML 对象，大括号内是对该对象设置的具体样式，属性和属性值以“键值对”的形式出现。属性是对指定对象设置的样式属性，例如字体大小、文本颜色等。属性和属性值之间用英文冒号“:”连接，多个“键值对”之间用英文分号“;”进行分隔。

在书写 CSS 样式时，除了要遵循 CSS 样式规则外，还必须注意如下 CSS 代码结构中的几个特点：

(1) CSS 样式中的选择器严格区分大小写，而属性和值不区分大小写。按照书写习惯一般将选择器、属性和值都采用小写的方式。

(2) 多个属性之间必须用英文分号隔开，最后一个属性后的分号可以省略，但为了便于增加新样式，最好保留。

(3) 如果属性的值由多个单词组成，且中间包含空格，则必须为这个值加上英文引号。

(4) 在编写 CSS 代码时，为了提高代码的可读性，通常会加上 CSS 注释。一个声明通常占用一行并使用| * … * |注释。

在 CSS 代码中空格是不被解析的，大括号以及分号前后的空格可有可无。因此，可以使用空格键、Tab 键、回车键等对样式代码进行排版，即所谓的格式化 CSS 代码，这样可以提高代码的可读性。

3.2　CSS 选择器

3.2.1　基本选择器

要想将 CSS 样式应用于特定的 HTML 元素，首先需要找到该目标元素。要使用 CSS 对 HTML 页面中的元素实现一对一、一对多或者多对一的控制，这就需要用到 CSS 选择器。在CSS中，执行这一任务的样式规则部分被称为选择器。HTML页面中的元素就是通过CSS选择器进行控制的。

CSS基本选择器有通用选择器、标签选择器、属性选择器、类选择器和id选择器等多种类型。

1. 通用选择器

通用选择器使用通配符“*”表示，它是所有选择器中作用范围最广的选择器，能匹配页面中所有的元素，其语法格式如下：

```
*{属性 1:属性值 1; 属性 2:属性值 2; …; 属性 n:属性值 n;}
```

例如下面的代码，使用通配符选择器定义CSS样式，清除所有HTML标签的默认边距。

```
*{
    margin:0;    /*定义外边距*/
    padding:0;   /*定义内边距*/
}
```

注意：在网站UI设计中，如果不对margin和padding进行清零，则会出现水平或垂直方向上的定位错误，参见例4.2.1。

2. 标签选择器

标签选择器是指用HTML标签名称作为选择器，按标签名称分类，为页面中某一类标签指定统一的CSS样式，其语法格式如下：

```
标签名{属性 1:属性值 1; 属性 2:属性值 2; …; 属性 n:属性值 n;}
```

标签选择器最大的优点是能快速为页面中同类型的标签统一样式，同时这也是它的缺点，不能设计差异化样式。标签选择器自动应用于HTML标签。

注意：标签选择器根据元素的标签名称查找。

3. 类选择器

类选择器使用英文点号“.”进行标识，后面紧跟类名，其语法格式如下：

```
.类名{属性 1:属性值 1; 属性 2:属性值 2; …; 属性 n:属性值 n;}
```

类选择器最大的优势是可以为元素对象定义单独或相同的样式。类选择器对HTML实体元素通过class属性应用类样式(也称点样式)。

注意：类选择器根据class属性值查找元素。

4. id 选择器

id选择器使用“#”进行标识，后面紧跟id名，其语法格式如下：

```
#id名{属性 1:属性值 1; 属性 2:属性值 2; …; 属性 n:属性值 n;}
```

该语法中，id名即为HTML元素的id属性值，大多数HTML元素都可以定义id属性，元素的 id 值是唯一的，只能对应于文档中某一个具体的元素。id 选择器对 HTML 实体元素通过 id 属性应用#样式（也称唯一样式）。

注意：id 选择器根据 id 属性值查找元素。

3.2.2 组合选择器

组合选择器是由两个或多个基本选择器通过不同的方式组合而成的，具体有如下五种。

1. 后代选择器

后代选择器用来选择元素或元素组的后代，其写法就是把外层标签写在前面，内层标签写在后面，中间用空格分隔。当标签发生嵌套时，内层标签就成为外层标签的后代。例如：

```
div #main p.one{
        color:red; font-size:18px;   /*多级后代*/
}
```

注意：后代选择器根据上下文选择元素，用以实现样式的精准控制。

2. 子选择器

子选择器是特殊的后代选择器，用来选择某个元素的直接后代（间接子元素不适用），父子选择器之间用大于号分隔。子选择器只能出现在后代选择器之后，否则，效果被子选择覆盖。一个子选择器的示例代码如下：

```
#links a {
      color:red;   /*元素 links 的所有超链接为红色*/
}
  #links>a {
      color:blue;   /*元素 links 的首个超链接被修改为蓝色*/
  }
```

又如：

```
ul>li{
  color:blue;   /*所有 li 都是 ul 的儿子，因此，所有列表项都将为蓝色*/
}
```

3. 交集选择器

交集选择器由两个选择器构成，其中第一个为标签选择器，第二个为 class 类选择器或 id 选择器，两个选择器之间不能有空格，例如：

```
h3.special 或 p#one
```

4. 并集选择器

并集选择器是各个选择器通过逗号连接而成的，任何形式的选择器（包括标签选择器、class 类选择器、id 选择器等），都可以作为并集选择器的一部分。如果某些选择器定义的样式完全相同，或部分相同，就可以利用并集选择器为它们定义相同的 CSS 样式。例如：

```
p, .box, span {font-size:12px;}
```

5. 伪类选择器

同一个标签，根据其不同的状态，有不同的样式，这称为“伪类”。伪类用冒号“:”来表示。

伪类样式为选择器添加了一些特殊效果。当用户和文档进行交互的时候，一个元素可以获取或者失去一个伪类。“伪”的含义是：它不像类样式那样，需要使用 class 属性。例如，a:hover（鼠标位于超链接上时）、image:hover 和 p:after（在选定的元素后插入内容）等，都是伪类样式。

3.3 CSS 样式的建立与使用

3.3.1 CSS 样式的建立方式

CSS 样式的建立方式，可分为标签样式、类样式和 id 样式。

1. 标签样式

标签样式与标签选择器相对应，相应的标签元素自动应用标签样式。

> **注意**：通用样式可认为是所有标签的公共样式。

2. 类样式

类样式与类选择器相对应，需要开发者使用 class 属性对页面元素应用类（点）样式。

3. id 样式

id 样式与 id 选择器相对应，需要开发者使用 id 属性对页面元素应用 id（#）样式。

3.3.2 CSS 样式的使用方式

Web 网页的结构由 HTML 文档体现，Web 网页的表现由 CSS 文档体现，设计时网页的结构与表现是分离的，网页最终需要靠 CSS 与 HTML 的结合才能实现真正效果。将 CSS 应用到 HTML 中，按 CSS 样式出现的位置，有如下四种使用方式。

1. 行内式

行内式也称为内联样式，是通过标签 style 的属性来设置元素的样式，其基本语法格式如下：

```
<标签名 style="属性 1:属性值 1;属性 2:属性值 2;…;属性 n:属性值 n;">内容</标签名>
```

其中，属性和属性值的书写规范与 CSS 样式规则相同。行内式只对其所在的标签及嵌套在其内的子标签起作用。

> **注意**：(1) 绝大多数 HTML 实体标签都拥有 style 属性，用来设置行内式。
> (2) 内联样式没有相应的选择器名称。

2. 内嵌式

内嵌式是指将CSS代码集中写在成对标签<style>…</style>里，其语法格式如下：

```
<head>
  <meta charset="utf-8"/>
  <title>CSS内嵌式<title>
  <style type="text/css">
      选择器{
        属性名1:属性值1;
        属性名2:属性值2;
        /*其他样式属性*/
      }
  </style>
</head>
```

其中，<style>标签一般位于页面头部的<title>标签之后，但也可以放在文档的其他地方。

3. 链入式

链入式是指将所有的样式放在一个或多个以.css为扩展名的外部样式表文件中，通过<link />标签将外部样式表文件链接到HTML文档中，其语法格式如下：

```
<head>
  <link href="含路径的CSS文件" type="text/css" rel="stylesheet"/>
</head>
```

该语法中，<link />标签需要放在<head>头部标签中，并且必须指定<link />标签的三个属性，具体如下：

- href：定义所链接外部样式表文件的URL，可以是相对路径，也可以是绝对路径。
- type：定义所链接文档的类型，在这里需要指定为“text/css”，表示链接的外部文件为CSS样式表。
- rel：定义当前文档与被链接文档之间的关系，在这里需要指定为“stylesheet”，表示被链接的文档是一个样式表文件。

4. 导入式

导入式是指将一个或多个以.css为扩展名的外部样式表，通过@import导入HTML文档头部<head></head>中间，一般放在title标签之后，并嵌套在style标签中，其语法格式如下：

```
@import url("含路径的CSS文件")或@import url(含路径的CSS文件)
```

例如：

```
<style type="text/css">
  @import url(sheet1.css)
  @import url("sheet2.css")
</style>
```

在style标签中，内嵌式的CSS代码写在@import的后面。

注意：导入式在网页主体装载前装载 CSS 文件，因此，显示出来的网页从一开始就是带样式效果的。

导入式会在整个网页装载完后再装载 CSS 文件，因此这就导致了一个问题：如果网页比较大，则会出现先显示无样式的页面，闪烁一下之后，再出现网页的样式。

导入式和链入式的功能基本相同，只是语法和运作方式略有区别。导入式的样式表在 HTML 文件初始化时，会被导入 HTML 文件内，作为文件的一部分，类似内嵌式的效果。

CSS 样式四种使用方式优先级由高到低的顺序如下：

- 行内式的优先级最高；
- 其次是采用〈link〉标签的链入式；
- 再次是位于〈style〉〈/style〉之间的内嵌式；
- 最后是@import 导入式。

3.3.3　CSS 高级特性

在一个 Web 网页中，如果 CSS 的引入有多种方式或者有多处定义，则可能会产生 CSS 样式的层叠性、继承性和冲突性。

1. 层叠性

样式层叠是指多种 CSS 样式的叠加。例如，当使用内嵌式 CSS 样式表定义〈p〉标签字号大小为 12 像素，链入式 CSS 样式表定义〈p〉标签颜色为红色，那么段落文本将显示为 12 像素红色，即这两种样式产生了叠加。

2. 继承性

样式继承是指书写 CSS 样式表时，子标签会继承父标签的某些样式，如文本颜色和字号。想要设置一个可继承的属性，只需将它应用于父元素即可。

恰当地使用继承可以简化代码，降低 CSS 样式的复杂性。但是，如果在网页中所有的元素都大量继承样式，那么判断样式的来源就会很困难，所以对于字体、文本属性等网页中通用的样式，可以使用继承。例如，字体、字号、颜色、行距等可以在 body 元素中统一设置，然后通过继承影响文档中所有文本。

并不是所有的 CSS 属性都可以继承，例如，下面的属性就不具有继承性：边框、外边距、内边距、背景、定位、元素宽高属性。

3. 样式冲突与优先级

样式冲突是指多种 CSS 样式叠加时，出现属性相同而属性值不同的冲突现象。例如，当使用内嵌式 CSS 样式表定义〈p〉标签颜色为红色，链入式 CSS 样式表定义〈p〉标签颜色为绿色，那么段落文本只会显示其中的一种颜色。

不同优先级的样式表定义元素的不同属性都会作用在元素上，相同属性的只有优先级最高的会对元素起作用。相同优先级样式表中元素定位一样的，后面的样式会覆盖前面的样式。以下是样式作用的优先级(从低到高)：

- 浏览器缺省设置(浏览器的默认样式)；

- 外部样式；
- 内部样式(位于 <head> 标签内部)；
- 内联样式(在 HTML 元素内部)。

注意：(1) 子元素定义的样式会覆盖继承来的样式。

(2) 优先级相同时，CSS 遵循就近原则。

(3) 定义 CSS 样式时，对 CSS 样式属性值后缀"！important"可调整该样式为最高优先级。

几种常用的选择器的特性如下：

- 类选择器：在<style>标签内定义时，样式名前缀"."，由用户决定哪些对 HTML 标签使用 class 属性来应用该样式。
- id 选择器：在<style>标签内定义时，样式名前缀"#"，对 HTML 标签使用 id 属性来应用该样式，且要求应用本 id 样式的页面元素是唯一的。
- 标签选择器：在<style>标签内，以 HTML 标签作为样式名(无前缀)，用来重新定义 HTML 标签的外观(自动应用于相应的 HTML 标签)。
- 伪类选择器：样式只有当元素处于某种状态下才起作用。例如，伪类选择器 a:hover，当鼠标位于超链接上时才起作用。

注意：(1) 当不涉及 JavaScript 脚本(含 jQuery)时，id 样式与类样式可以互换。id 选择器的唯一性是指应用 id 样式的页面元素应当是唯一的。

(2) 对一个页面元素同时应用多种样式时，其选择器名称之间使用空格隔开。

(3) 上面的伪类选择器是复合内容选择器(也称组合选择器)的一种使用形式。

在 DW 中，指定了一个选择器后，将进入 CSS 规则定义对话框。例如，名为.zw 的类选择器的 CSS 规则定义对话框如图 3.3.1 所示。

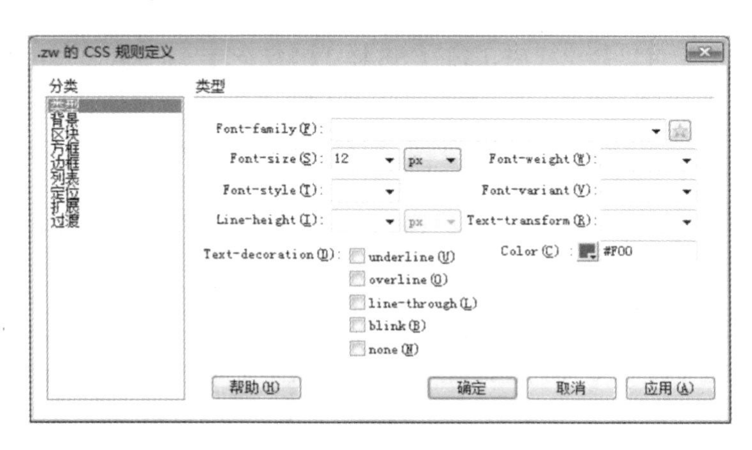

图 3.3.1 .zw 的 CSS 规则定义

指定 CSS 样式属性(字体大小和颜色)，单击"确定"按钮后，将在页面头部产生成对标签<style>和</style>，其代码如下：

```
<style type="text/css">
    .zw {
        font-size:12px; /*字体大小,像素为单位*/
        color:# F00;  /*颜色为红色*/
    }
</style>
```

对于标签〈style〉及〈/style〉内定义的 CSS 样式,为了增强可读性,使用/*及*/加以注释,这些是后来加上的。

注意:(1) CSS 标签样式注释方式与 HTML 注释方式不同。

(2) 使用 DW 的 CSS 样式对话框只是减轻了我们记忆 CSS 样式属性的负担,初学者应该在理解的基础上记住一些常用的 CSS 样式属性以及各种选择器的定义方法。

(3) 关键字 style 在页面的不同地方,其含义不同。

由于引入 CSS 样式,HTML 新增了〈style〉和〈span〉两个标签,对于所有产生页面实体元素的 HTML 标签,都可以使用属性 style、class 或 id 来应用 CSS 样式。

为了分析页面里各元素应用的 CSS 样式,建议读者使用 Google 浏览器。按功能键 F12 时,可以出现图 3.3.2 所示的效果。

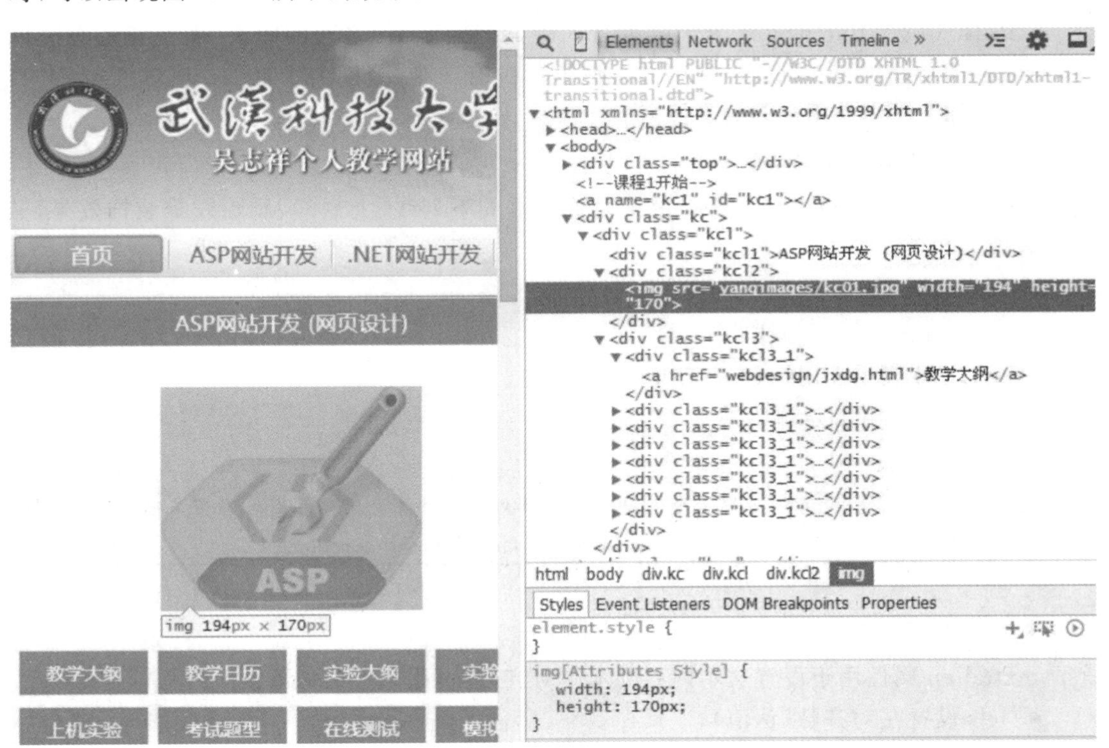

图 3.3.2 使用 Google 浏览器分析页面元素应用的 CSS 样式

3.4 常用CSS样式的属性

3.4.1 文本外观

1. 文本颜色 color

CSS 样式属性 color 用于定义文本的颜色，其取值方式有如下 3 种：

- 预定义的颜色值名称，如 red，green，blue 等；
- 十六进制色彩码，如 #FF0000，#FF6600，#29D794 等；
- RGB 三基色代码，如红色可以表示为 rgb(255,0,0)或 rgb(100%,0%,0%)。

注意：(1) 实际开发中，十六进制是最常用的颜色定义方式。
(2) 如果使用 RGB 代码的百分比颜色值，取值为 0 时也不能省略百分号，必须写为 0%。

2. 行间距 line-height

CSS 样式属性 line-height 用于设置行间距，就是行与行之间的距离，即字符的垂直间距，一般称为行高。line-height 常用的属性值单位有三种，分别为像素 px、相对值 em 和百分比%，实际工作中使用最多的是像素 px。

3. 文本装饰 text-decoration

CSS 样式属性 text-decoration 用于设置文本的下划线、上划线、删除线等装饰效果，其可用属性值如下：

- none 表示没有修饰(正常文本默认值)；
- underline 表示下划线；
- overline 表示上划线；
- line-through 表示删除线。

注意：text-decoration 后可以赋多个值，用于给文本添加多种显示效果。例如，希望文字同时有下划线和删除线效果，就可以将 underline 和 line-through 同时赋给 text-decoration。

4. 水平对齐方式 text-align

text-align 属性用于设置文本内容的水平对齐，其可用属性值如下：

- left 设置左对齐(默认值)；
- right 设置右对齐；
- center 设置居中对齐。

注意：相当于标签〈td〉的 align 对齐属性。

3.4.2 方框样式

1. 宽度 width

CSS 样式属性 width 用于定义元素的宽度，其取值单位为像素或百分比。

2. 高度 height

CSS 样式属性 height 用于定义元素的高度，其取值单位为像素或百分比。

3. 浮动 float

CSS 样式属性 float 用于设置块级元素的浮动，其属性值如下：

- left 设置元素向左浮动；
- right 设置元素向右浮动；
- none 设置元素不浮动(默认值)；
- inherit 设置从父元素继承 float 属性值。

> **注意**：在使用 CSS+Div 进行网页布局时，经常需要进行同级 div 的并排，这就需要对 div 设置 float 属性为 left 或 right，详见第 4 章。

4. 清除浮动 clear

CSS 样式属性 clear 用于设置元素的哪一侧不允许其他浮动元素，其属性值如下：

- left 设置在左侧不允许浮动元素；
- right 设置在右侧不允许浮动元素；
- both 设置在左、右两侧均不允许浮动元素；
- none 设置允许浮动元素出现在两侧(默认值)；
- inherit 设置应该从父元素继承 clear 属性值。

例 3.4.1 使用 CSS 制作的水平导航菜单。

设计思想 默认情况下，项目列表是纵向排列的，并且每个列表项前有一个项目符号。通过设置相关的 CSS 样式，让项目列表横向排列，并去掉项目符号，再对每个列表项设置超链接，即是一个一维的水平导航菜单。页面 example2_2_1. html 的浏览效果如图 3.4.1所示。

图 3.4.1 example2_2_1. html 的浏览效果

页面代码如下：

```
〈!DOCTYPE〉
〈meta http-equiv="Content-Type" content="text/html; charset=utf-8"〉
〈title〉使用CSS+Div制作的水平菜单〈/title〉
〈style type="text/css"〉
    *{
        /*星号样式表示应用于所有页面元素*/
        margin:5;     /*外填充*/
        padding:0;    /*内填充*/
    }
    .menu{
        position:relative; /*不是必需的*/
    }
    .menu ul li {
        float:left; /*默认情况下,列表是换行的,使用本属性则不换行,即水平菜单*/
        list-style:none; /*不显示列表符号*/
        font-size:14px;
    }
    .menu ul li a{
        text-decoration:none;
    }
    .menu a:hover{
        text-decoration:underline;
        background:#f2cdb0;
        color:#f00;
    }
〈/style〉
〈div class="menu"〉
    〈ul〉〈li〉〈a href="#"〉HTML与CSS基础〈/a〉〈/li〉
        〈li〉〈a href="#"〉客户端脚本〈/a〉〈/li〉
        〈li〉〈a href="#"〉PHP动态网页设计〈/a〉〈/li〉〈/ul〉〈/div〉
```

注意：标签〈div〉与CSS样式属性margin及padding等，详见第4章。

3.4.3 元素显示与可见特性

元素的显示特性由CSS样式属性display控制，取值如下：

- none：元素不被显示。
- block：显示为块级元素，前后带有换行符。
- inline：默认值，元素被显示为行内元素，前后没有换行符。

元素的可见性由CSS样式属性visibility控制，取值如下：

- visible：默认值，元素可见。
- hidden：元素不被显示。

注意：设置 visibility:hidden 和 display:none 都可以实现对元素的隐藏，前者占据页面空间，后者不占据页面空间。

3.4.4 设置按钮是否可用

HTML 标签属性 disabled 常用于禁用按钮，被禁用的按钮呈浅灰色，单击它无反应。禁用按钮的一个示例代码如下：

```
<input type="button" value="我被禁用了" disabled/>
```

注意：(1) 元素显示、可见与按钮是否可用的示例，参见例 5.5.1。

(2) 对于其他的 HTML 元素(如文本框)，也可应用禁用属性 disabled。

3.4.5 滤镜样式

CSS 滤镜是 CSS 样式的扩展，它能将特定的效果应用于文本容器、图片或其他对象。CSS 滤镜通常作用于 HTML 控件元素：img、td 和 div 等。

在 CSS 样式中，通过关键字 filter 引入滤镜。下面介绍两种 IE 浏览器支持的常用滤镜 Shadow 和 Alpha。

对于空间文字，应用 Shadow 滤镜可以实现文字的阴影效果，其 CSS 样式属性如下：

```
filter:Shadow(color=cv,direction=dv)
```

其中：滤镜参数 color 表示阴影的颜色；cv 值可使用代表颜色的英文单词，如 red、blue、green 等，也可以使用色彩代码；参数 direction 表示阴影的方向；dv 取值范围为 0～360。

对于图像，使用 Alpha 滤镜，可以透明效果，其使用方法如下：

```
filter:Alpha(Opacity=ov,Style=sv);
```

其中，参数 Opacity 表示图像的不透明度，ov 取值范围为 0～100。

Opacity=0，表示完全透明，此时完全看不清图像，只能看到背景；

Opacity=100，表示完全不透明，此时只能看到原图像，而看不见背景；

Opacity 取大于 0 且小于 100 的值时，则部分能看清图像，即是图像与背景的叠加效果。

参数 Style 表示透明区域的形状特征，sv 取值 0、1、2、3，分别代表均匀渐变、线性渐变、放射渐变和矩形渐变。

注意：不同的浏览器对滤镜的支持是有区别的。例如，IE 浏览器支持滤镜样式，而 Google 浏览器则不支持。

3.5 重新定义 HTML 元素外观

HTML 实体元素都有其默认的外观，有时需要根据特定的情形，重新设置其外观。

1. 超链接外观

超链接在页面里使用频繁，默认外观存在下划线。为了页面美观，通常要取消默认的下划线，其方法是应用如下样式：

```
text-decoration:none;       /*取消超链接默认的下划线*/
```

2. 列表外观

列表在页面里也使用频繁，其列表项默认上下排列，并有项目符号。当使用列表设计水平菜单时，通常按如下方法重新定义其外观：

```
.menu ul{
    list-style:none;  /*项目列表无项目符号*/
}
.menu ul li {
    float:left;      /*主菜单列表项水平放置*/
}
```

3. 设置块级元素不另行

对于块级元素，默认是换行的。在一些特定的情形下，需要将块级元素转换为行内元素，使用方法是应用如下 CSS 样式代码：

```
display:inline;
```

将块级元素转换为行内元素的例子是导航条设计，需要对实现任意跳转的表单应用行内样式，如图 3.5.1 所示。

首页 | 上一页 | 下一页 | 尾页 | 共 321条记录 | 当前页：6/41 [ ] go

图 3.5.1 包含不另行表单的导航条

例 3.5.1 使用 CSS 实现的水平弹出式菜单。

使用<ul>制作主菜单，其菜单项水平放置。包含子菜单的列表项，默认隐藏且垂直放置。当鼠标经过包含有子菜单的主菜单项后弹出对应的子菜单，如图 3.5.2 所示。

图 3.5.2 水平弹出式菜单效果

页面代码如下：

```
<!doctype>
<meta charset="utf-8"/>
<title>吴志祥的教学网站——http://www.wustwzx.com</title>
<meta name="keywords" content="吴志祥,教学网站,网页设计,网页制作,网站开发">
<style type="text/css">
   *{
         margin:0px;
         padding:0px;
         font-size:13px;
   }
     .top{
         width:1000px; height:190px;
         margin:0 auto;   /*水平居中*/
         background:url(images/top.jpg) center top no-repeat;
   }
  .menu{
         padding-top:155px;
         width:1000px;height:35px;
  }
  .menu ul{
         list-style:none;   /*项目列表无项目符号*/
  }
  .menu ul li {
         position:relative;   /*使包含的表格可以绝对定位,详见第4章*/
         width:120px;
         line-height:35px;
         text-align:center;
         float:left;/*主菜单列表项水平放置*/
  }
  .menu table {
         position:absolute; /*table 相对于父容器 li 的绝对定位,详见第4章*/
         top:35px; left:0; /*列表菜单与主菜单项的距离*/
  }
  .menu ul li a{
         line-height:35px;
         display:block; /*显示为块级元素,重要! */
         text-align:center;
         color:#333;
         text-decoration:none;
  }
  .menu ul li a.first{/*组合选择器之交集选择器*/
```

```
        color:#fff;  /*等效#FFFFFF,白色*/
        background:url(images/navhover.png) no-repeat;
    }
    .menu ul li a:hover{
        color:#fff;
        background:url(images/navhover.png) no-repeat;
    }
    .menu ul li ul {
        width:120px;
        visibility:hidden; /*菜单项通常是不可见的*/
        position:absolute; /*菜单项绝对定位*/
        text-align:left;
        left:0px;top:0;
        background-color:#DBDBDB;
    }
    .menu ul li ul li {
        height:35px;
        line-height:35px;
        border-bottom:1px solid #999;
        font-size:14px; /*设定菜单项文字的大小*/
    }
    .menu ul li:hover ul{
        visibility:visible; /*菜单项在鼠标移至超链接上时可见*/
    }
    .menu ul li ul li a{
        display:block;   /*显示为块级元素,重要!*/
        width:120px; height:35px;
        line-height:35px;
        color:#666;

    }
    .menu ul li ul li a:hover{
        background-image:none;
        background:#FF981D;
        line-height:35px;
    }
</style>
<div class="top">
  <div class="menu">
  <ul>
        <li><a href="#" class="first">首页</a></li>
        <li><a href="#">Web前端开发</a></li>
        <li><a href="#">.NETWeb开发</a></li>
```

```
        <li><a href="#">Java大方向<table><tr><td>
          <ul>
            <li><a href="#">Java桌面应用</a></li>
            <li><a href="#">Java EE(Web)</a></li>
            <li><a href="#">Android(Eclipse版)</a></li>
            <li><a href="#">Android(Studio版)</a></li></ul></td></tr>
                                                  </table></a></li>
        <li><a href="#">PHP网站开发<table><tr><td>
          <ul>
            <li><a href="#">PHP网站开发</a></li>
            <li><a href="#">使用ThinkPHP框架</a></li></ul></td></tr>
                                                  </table></a></li>
            <li><a href="#">Web信息检索</a></li>
            <li><a href="#">其它相关课程<table><tr><td>
    <ul>
            <li><a href="#">大学计算机基础</a></li>
            <li><a href="#">C语言程序设计</a></li>
            <li><a href="#">数据库原理与应用</a></li>
            <li><a href="#">数据结构</a></li>
            <li><a href="#">计算机网络技术</a></li>
            <li><a href="#">本科毕业设计</a></li></ul></td></tr>
                                  </table></a></li></ul></div></div>
```

注意:(1) 使用Google浏览器访问作者的教学网站,按功能键F12后,可以分析其主页布局及各个元素应用的CSS样式。

(2) 本例中涉及相对定位和绝对定位,详见第4章。

(3) 作为主菜单的列表项,应用了CSS样式float:left,用以实现水平排列;而作为次级菜单的列表项,使用了默认样式,用以实现垂直排列。

(4) 为实现背景图片效果,已将作为行内元素的超链接转换为块级元素。

3.6 最新样式标准CSS3

以前的CSS2规范作为一个模块,过于庞大且复杂。作为最新标准的CSS3,不仅对原来的CSS样式进行重组并划分为多个模块,而且增加了许多实现特定功能的样式。其中,最重要的CSS3模块包括选择器、框模型、背景、边框、文本效果、2D/3D转换、动画和多列布局等。

例如,在CSS3之前,背景图片的尺寸是由背景图片的实际尺寸决定的。在CSS3中,可以规定背景图片的尺寸,还可以对背景图片进行拉伸。

3.6.1 CSS3 新增选择器

1. 属性选择器

属性选择器是 CSS3 新增的选择器，它根据元素的属性名称或属性值来选择元素，使用一对方括号[]。

使用属性选择器的一个示例代码如下：

```
<style>
  [title] {/*属性选择器*/
     border-radius:30px;
  }
  img[title="第 3 幅"] {/*本例中，属性选择器前的 img 标签可以省略*/
     border-radius:60px;
  }
</style>
<img src="images/女人.png" width="100" height="130"/>
<img src="images/女人.png" width="100" height="130" title="第 2 幅"/>
<img src="images/女人.png" width="100" height="130" title="第 3 幅"/>
```

其中，第 1 幅为矩形，第 2 幅和第 3 幅具有不同的圆角效果。

使用属性选择器的另一个示例代码如下：

```
<style>
  ul[type]{/*页面里有两个元素具有 type 属性，但只会应用其中一个*/
     color:red;
  }
</style>
<input type="button"value="确定"/>
<ul type="disc">
  <li>北京</li>
  <li>武汉</li>
</ul>
```

2. 兄弟选择器

普通兄弟选择器是指拥有相同父元素的选择器，选择器之间使用波浪号“～”分隔。

相邻兄弟选择器用于选择紧接在另一元素后的元素，且二者有相同父元素。相邻兄弟选择器之间使用加号“＋”分隔。

使用兄弟选择器的一个示例代码如下：

```
<style>
  h3~p {/*作用于两个段落*/
    margin-top:30px;
    color:blueviolet;
  }
  div{
    color:red;
  }
```

```
</style>
<h3>兄弟选择器</h3>
<p>使用~表示普通兄弟选择器</p>
<div>请将 h3~p 改为 h3+p 试试</div>      <!--将仅作用第 1 个段落-->
<p>使用+表示相邻兄弟选择器</p>
```

注意：使用 jQuery（详见第 5 章）制作折叠菜单的案例，提供了获取堂兄弟（有相同的爷爷）元素的实现方法。

3. 最后一个子元素选择器

选择器 last-child 用于选择父元素中的最后一个子元素。

例 3.6.1 带下划线和边框的新闻列表设计。

使用列表标签<ul>设计带下划线和边框的新闻列表时，如果不对最后一个列表项进行处理，则下边框与列表项的下划线会重叠。使用选择器 li:last-child 和负边距可以解决这个问题，前后效果如图 3.6.1 所示。

新闻列表新闻列表新闻列表	新闻列表新闻列表新闻列表
新闻列表新闻列表新闻列表	新闻列表新闻列表新闻列表
新闻列表新闻列表新闻列表	新闻列表新闻列表新闻列表
新闻列表新闻列表新闻列表	新闻列表新闻列表新闻列表
新闻列表新闻列表新闻列表	新闻列表新闻列表新闻列表

图 3.6.1 新闻列表效果

页面代码如下：

```
<!DOCTYPE>
<meta charset="UTF-8">
<title>ul 最后一个列表项底线隐藏处理</title>
<style type="text/css">
    *{
        margin:0;padding:0;
        box-sizing:border-box;   /*消除内边距默认的膨胀效果*/
    }
    ul {/*块级元素*/
        margin:0 auto;
        margin-top:20px;
        width:260px;  /*定宽度不定高*/
        border:2px solid #1FC195; /*整个列表边框*/
        list-style:none;
    }
    ul li {
        font-size:14px;line-height:30px;
```

```
        border-bottom:1px dashed #1FC195;  /*下边框为点划线*/
        padding-left:5px;
    }
    ul li:last-child {/*CSS3 新增样式,选择最后一个 li*/
        margin-bottom:-1px;  /*列表边框底线向上收缩了 1px*/
    }
</style>
<!--增加或删除列表项,列表外框大小自适应;最后一个列表项下划线被隐藏-->
<ul>
    <li>新闻列表新闻列表新闻列表</li>
    <li>新闻列表新闻列表新闻列表</li>
    <li>新闻列表新闻列表新闻列表</li>
    <li>新闻列表新闻列表新闻列表</li>
    <li>新闻列表新闻列表新闻列表</li>
</ul>
```

3.6.2 CSS3 阴影效果

CSS3 包含了几个新的文本特征,可为文字或矩形元素添加阴影效果。

text-shadow 属性为文本添加阴影效果,一个示例代码如下:

```
<style type="text/css">
  h1{
    display:inline;
    font-family:"微软雅黑";
    text-shadow:3px 3px yellow;
  }
</style>
<h1>文字阴影</h1>
```

文字阴影效果如图 3.6.2 所示。

文字阴影

图 3.6.2 文字阴影效果

CSS 样式属性 box-shadow 为矩形元素添加阴影效果,属性值有六个,依次为阴影类型、X 轴偏移、Y 轴偏移、阴影大小、阴影扩展和阴影颜色。一个示例代码如下:

```
<style type="text/css">
  img{
    box-shadow:5px 5px 20px #06c;
    /*右偏移 5px、向下偏移 5px、阴影大小 20px、阴影颜色#06c*/
    /*不设置阴影类型,则默认为投影效果*/
  }
```

```
</style>
<img src="images/女人.png" width="205" height="170"/>
```

图像阴影效果如图 3.6.3 所示。

图 3.6.3 图像阴影效果

3.6.3 CSS3 动画效果

1. 使用 transition 属性实现转换动画

通过 CSS3，我们可以在不使用 Flash 动画或 JavaScript 的情况下，为元素从一种样式变换为另一种样式时添加效果。将鼠标悬停在一个 div 元素上，将表格的宽度逐步从 100px 变为 300px，其代码如下：

```
<style>
    .animation1 {/*定义动画的初始样式*/
        width:100px;height:100px;
        background:green;
        /*设置转换动画的时长*/
        transition:width 3s;    /*动画特性设置*/
    }
    .animation1:hover {
        width:300px;    /*定义动画的最终样式*/
    }
</style>
<div class="animation1">过渡动画</div>
```

为了实现对元素的旋转、缩放、倾斜和移动等效果，可以对 transform 属性应用如下方法：

- translate()：移动元素，基于 X 和 Y 坐标重新定位元素。
- scale()：缩放元素，取值包括正数、负数和小数。
- rotate()：旋转元素，取值为一个度数。
- skew()：倾斜元素，取值为一个度数。

例 3.6.2 汽车动画。

汽车在起始点静止，当鼠标位于汽车上时，汽车开始前行，到达终点后停止；移动一下鼠标后，汽车将退至起始点，如图 3.6.4 所示。

图 3.6.4 汽车转换动画模拟行驶效果

页面代码如下：

```
<!DOCTYPE>
<meta charset="utf-8"/>
<title>汽车运动</title>
<style type="text/css">
    #bj {
        background-image:url(images/bg.png);
        background-repeat:no-repeat;
        height:560px;
    }
    img {
        transition:5s linear;   /*5秒,linear——匀速转换*/
        position:absolute;top:185px;   /*绝对定位*/
    }
    img:hover {
        transform:translate(385px,-75px);   /*转换动画;目标位置*/
    }
</style>
<!--汽车在起始点静止,当鼠标位于汽车上且一直保持时,汽车前行至终点;
    汽车到达终点后,当鼠标离开汽车时,汽车后退至起始点-->
<div id="bj">
    <img src="images/汽车 3.png" width="343" height="121"/></div>
```


2. 使用关键帧创建动画

@keyframes 规则用于创建动画。在@keyframes 中规定某项 CSS 样式，就能创建由当前样式逐渐变为新样式的动画效果。

下面的动画展示了一个 400×300 像素的矩形块，当鼠标位于其上方时，在 5 秒钟内颜色从红色变成灰色，@keyframes 定义的动画名称为 myfirst，第一关键帧的颜色设置为 red，第二关键帧的颜色设置为 rgb(224, 224, 210)，代码如下：

```
    <style>
        .animation2 {
            width:100px;height:100px;
            background:red;
        }
        .animation2:hover {
            /*定义动画机的名称及时长*/
            animation:myfirst 5s;
        }
        @keyframes myfirst {/*定义关键帧*/
            from {
                background:red;
            }
            to {
                background:rgb(224, 224, 210);
            }
        }
    </style>
<body>
    <div class="animation2">关键帧动画</div>
</body>
```

例 3.6.3 跳动的气球。

本动画定义了三个关键帧，气球（图片）从静止向下移动后再向上移动，通过使用 infinite 实现永久的循环移动，如图 3.6.5 所示。

图 3.6.5 跳动的气球

页面代码如下：

```
<!DOCTYPE>
<meta charset="utf-8"/>
<title>跳动的气球</title>
<style type="text/css">
    .goods {
        width:50%;
        margin:50px auto;    /*div在浏览器窗口里水平居中*/
        text-align:center;   /*div里的内容左右居中*/
    }
    .goods img {
        animation:jump 2s infinite;   /*infinite是永久循环的*/
    }
    @keyframes jump {/*关键帧动画设计*/
        0% {
          transform:translate(0px, 0px);
        }
       50% {
          transform:translate(0px,-50px);   /*在Y轴方向向下跳动*/
       }
       100% {
          transform:translate(0px, 0px);   /*在Y轴方向向上跳动*/
       }
    }
   .circular {
       width:200px; height:50px;
       margin:0 auto;
       position:relative;
       margin-top:-10px;
       border-radius:50%;  /*添加圆角*/
       box-shadow:0px 9px 0px rgba(144, 144, 144, 1), 0px 9px 25px rgba(0, 0, 0, .7);
                                                                                  /*阴影*/
   }
</style>
<div class="goods">
  <img src="images/balloons.png" width="200" height="220">
  <div class="circular"></div></div>
```


3. 倒影与线性渐变

CSS3有一个样式属性box-reflect，用于实现倒影（镜像）效果。除了可以给倒影设置方向和间距之外，还可使用属性<mask-box-image>给生成的倒影添加遮罩效果。其中，遮罩效果有两种实现方式：一是渐变生成背景图像，二是使用外部背景图像。

例 3.6.4 带线性渐变的倒影效果。

使用倒影样式 box-reflect 并具有线性渐变效果的页面，如图 3.6.6 所示。

图 3.6.6 带线性渐变的倒影效果

页面代码如下：

```
<!DOCTYPE>
<meta  charset="utf-8"/>
<title>倒影(镜像)与线性渐变</title>
<style type="text/css">
    img{
        width:500px;height:200px;
        border:1px solid #9CC;
        /*定义倒影*/
        -webkit-box-reflect:below 5px
        -webkit-gradient(linear,  /*定义线性渐变*/
            left top,left bottom,/*起始点和结束点坐标*/
            from(transparent),
            color-stop(0.1,transparent),  /*控制色彩过渡*/
            to(rgba(250, 250, 250, 0.5)));
    }
</style>
<img src="images/山水.png"/>
```

注意：目前仅在 Chrome、Safari 和 Opera 浏览器下支持。

习题 3

一、判断题

1. CSS 样式技术是 HTML 的一部分。
2. 在 HTML 中，name 属性值可以重复，而 id 属性值不可重复。
3. 关键字 style 在页面的不同地方，其含义不同。
4. 设计 CSS 样式时，存在叠加和优先级两个问题。
5. CSS3 提供了用于动画设计的样式。

二、选择题

1. 注释 CSS 样式，使用__________。
   A. /*和*/　　B. //　　C. 〈! --和--〉　　D. ′
2. 取消超链接默认的下划线，需要设置它的 CSS 样式属性 text-decoration 值为__________。
   A. blue　　B. underline　　C. none　　D no
3. 在页面里引用外部样式文件，需要使用的 HTML 标签是__________。
   A. insert　　B. link　　C. meta　　D style
4. CSS3 中定义相邻兄弟选择器使用的连接符是__________。
   A. 空格　　B. +　　C. 〉　　D. .
5. 下列 CSS 样式中，优先级最高的是__________。
   A. head 部分使用 style 标签定义的内部样式
   B. 引入的外部样式文件里的样式
   C. 在 HTML 标签里通过使用 style 属性建立的 CSS 样式
   D. HTML 元素默认使用的样式

三、填空题

1. 作为组合选择器的交集选择器的第一选择器__________必须是选择器。
2. CSS 样式属性 visibility 的常用值是 visible 和__________。
3. 把页面元素显示为内联元素，应设置的 CSS 样式属性是__________。
4. 把页面元素设置为块级元素，应设置的 CSS 样式属性是__________。
5. 为了隐藏对象且不保留其物理空间，应设置的 CSS 样式属性是__________。
6. margin、padding 和 border 在四个方向的属性值的顺序是__________。
7. 下面的段落里，第 1 和第 3 超链接应用对应的选择器名称是__________。

```
<p id="links">
    <a href="#">测试选择器</a>
    <span><a href="#">测试选择器</a></span>
    <a href="#">测试选择器</a></p>
```

实验 3□□□

一、实验目的

(1) 掌握 CSS 基本选择器的使用方法。

(2) 掌握组合选择器的使用方法。

(3) 掌握常用 CSS 样式的作用。

(4) 掌握 CSS3 新增选择器的使用方法。

(5) 掌握 CSS3 动画制作。

二、实验内容及步骤

预备 访问 http://www.wustwzx.com/webfront/index.html,单击第 3 章实验,下载本章实验内容的源代码(含素材)并解压,得到文件夹 ch03,将其复制到 wamp\www,在 HBuilder 中打开该文件夹。

1. 使用 CSS 制作水平弹出式菜单

(1) 打开文件夹 ch03 里的文件 example3_5_1,并选择"边改边看模式"。

(2) 查看水平放置主菜单项的 CSS 样式 float:left,并做灵敏性测试。

(3) 查看主菜单项(超链接)的设计,分别对 CSS 样式 display:block 和 list-style:none 做灵敏性测试。

(4) 查看主菜单项对应的列表设计,对 CSS 样式 visibility:hidden 做灵敏性测试。

(5) 分析主菜单项"主页"的 CSS 样式,体会交集选择器的应用。

(6) 对比主菜单列表与各子菜单列表的 CSS 样式设计,体会上下文样式的广泛应用。

2. 带下划线和边框的新闻列表设计

(1) 打开文件夹 ch03 里的文件 example3_6_1。

(2) 测试增加或删除列表项,列表外边框能自动适应。

(3) 通过对选择器 ul li:last-child 做灵敏性测试,体会其用法。

3. CSS3 转换动画设计

(1) 打开文件夹 ch03 里的文件 example3_6_2。

(2) 查看对汽车定位的 CSS 样式代码,并做灵敏性测试。

(3) 查看使用 CSS 样式属性 transition 定义动画机的代码。

(4) 查看使用 CSS 样式属性 transform 定义转换动画的代码。

(5) 在浏览器窗口访问本页面,将鼠标位于汽车上时,观察汽车的前行。

(6) 移动一下鼠标,观察汽车的后退。

4. CSS3 关键帧动画设计

(1) 打开文件夹 ch03 里的文件 example3_6_3。

(2) 放大或缩小浏览窗口,不影响气球在窗口里的水平居中。

(3) 注释 CSS 样式 margin:50px auto,做灵敏性测试。

(4) 注释 CSS 圆角样式 border-radius:50%,椭圆形托盘还原为矩形。

(5) 查看使用 CSS 样式定义 animation 动画机的代码。

(6) 查看使用@keyframes 定义关键帧的代码。

(7) 在浏览器中访问本页面,观察动画效果。

5. 带线性渐变的倒影效果

(1) 打开文件夹 ch03 里的文件 example3_6_4。

(2) 查看 CSS 样式 box-reflect 值。

(3) 在页面里插入一幅人物图像,设计为水平镜像效果。

三、实验小结及思考

(由学生填写,重点写上机中遇到的问题。)

第4章 网站页面布局

页面布局是指网页元素的合理编排，是呈现页面内容的基础。合理的布局将有效地提高页面的可读性，提升用户体验。本章主要介绍了使用盒子模型进行 CSS+Div 布局的相关知识，学习要点如下：

- 掌握元素定位的几种方式；
- 掌握盒子模型及 CSS+Div 布局页面的方法；
- 掌握页内框架的使用；
- 了解框架集的使用。

4.1 页面布局概述

页面布局的核心目标是实现页面结构与外观的分离。常见的布局方式有三种：表格布局、框架布局和 CSS+Div 布局。其中，框架布局又分为页内框架布局和框架集布局两种。

1. 表格布局

对于表格布局，当页面布局需要调整时，往往需要重新制作表格；而多重表格嵌套时，由于标签的嵌套层次过深，页面不利于搜索引擎抓取。因此，表格布局不适合页面的整体布局。

表格的主要作用是显示二维表数据，也用于局部布局，例如，布局表单里的控件元素。

2. 框架布局

对于框架布局，一个页面会依赖多个页面，不方便进行管理；搜索引擎对框架中的内容检索时存在困难，有些搜索引擎只会检索框架集页面，导致页面检索不完整；框架对打印支持效果不够好，只能实现分框架页面的打印。

注意：HTML5 不再支持框架集标签〈frameset〉和〈frame〉，但支持页内框架标签〈iframe〉。

3. CSS+Div 布局

CSS+Div 布局可以简化页面的代码量，提高页面的浏览速度；结构清晰，代码嵌套层次少，容易被搜索引擎检索到；页面结构与表现相分离，便于维护与扩展的 CSS 样式进行重组并划分为多个模块；增加了许多实现特定功能的样式。

注意：(1) CSS+Div 布局是流行的布局技术，常用于页面的整体布局。

(2) HTML5 提供了专门的布局标签，详见第 6 章。

4.2 CSS+Div 布局

4.2.1 div 标签

1. div 标签的基本用法

设计页面时，通常先将页面按功能划分为若干个小区域，每个小区域使用标签〈div〉来表示。一个〈div〉表示的区域，可以进一步划分，这样就形成了〈div〉的嵌套。

每个〈div〉表示的区域，可以通过 class、id 或 style 属性来应用 CSS 样式，达到设置 div 区域外观和位置关系等目的。

设置 div 区域外观的一个示例代码如下：

```
〈div class="yangshi"〉演示〈/div〉
```

对于 div，显示属性 display 以 block 作为默认值，使用该值将在对象之后添加新行，取值 none 时将隐藏对象（不保留其物理空间）；可见属性 visibility 以 visible 作为默认值（表示可见），取值 hidden 表示不可见，但保留着占用的物理空间。

注意：(1)id 或 class 属性指定的 CSS 样式可以不存在，此时称为虚拟样式，常用于 jQuery 获取页面元素（参见第 5 章）。

(2)样式定义的内容，主要包括宽度、高度、对齐方式、背景和可见性等。

2. div 并排

div 是块级元素，在默认情况下，两个同级 div 的位置关系是上下关系。如果要并排同级的 div，则需要对这些 div 应用 float 属性。

注意：例 3.4.1 制作的水平菜单，对于 li 列表，也是应用 CSS 样式 float:left。

4.2.2 盒子模型

页面中的所有元素都可以看成是一个盒子，并占据一定的页面空间，通过盒子之间的嵌套、叠加或并列，最终形成了页面。

在页面布局中，将页面元素合理、有效地组织在一起，形成一套完整的、行之有效的原则和规范，称为盒子模型。

盒子模型由内容(content)、边框(border)、内边距(padding)和外边距(margin)四部分组成。

1. 内容

盒子的内容区存放文本和图片等，拥有 width、height 和 overflow 三个属性。当内容区的信息太多，超出内容区所占的范围时，通过使用 CSS 样式属性 overflow 来指定溢出内容的处理方式。属性 overflow 的取值如下：

- visible 设置溢出的内容不会被修剪，会呈现在元素框之外（默认值）；
- hidden 设置溢出的内容将不可见，用以不破坏整体布局；
- scroll 设置溢出的内容会被修剪，但可以通过滚动条查看隐藏部分；
- auto 设置由浏览器决定如何处理溢出部分。

2. 边框

盒子的边框是指围绕元素的内容和内边距的一条或多条线，通过 border-top-style、border-right-style、border-bottom-style 和 border-left-style 四个属性对"上、右、下、左"四个方向的边框样式分别进行设置。

每条边框有宽度、颜色、圆角和阴影等特征，可以通过 border-width、border-color 和 border-radius（CSS3 新增）等属性对边框进行统一设置。

可以通过 border-top-width、border-top-style 和 border-top-color 等属性对某一条边进行单边设置。

box-shadow 是 CSS3 新增的样式，用于向框添加一个或多个阴影。

3. 内边距

内边距是指内容区与边框之间的距离。通过 padding 属性可以在一个样式声明中设置该元素的所有内边距，也可通过 padding-top、padding-right、padding-bottom 和 padding-left 属性对元素的"上、右、下、左"四个方向的内边距进行设置。

4. 外边距

外边距是指元素与元素之间的距离，即围绕在元素边框之外的空白区域。通过外边距可以为元素创建额外的"空间"。在使用上，外边距与内边距相似，可以对"上、右、下、左"四个外边距分别进行设定，也可以统一进行设定。

在父容器中水平居中某个 div 的方法是，对该 div 应用如下样式：

```
margin-left:auto; margin-right:auto;
```

注意：当一个元素出现在另一个元素上面时，第一个元素的下外边距与第二个元素的上外边距将发生合并。合并后的外边距的高度，等于合并前的两个外边距中的较大者。

目前较流行的页面布局方式是 CSS+Div。CSS+Div 布局克服了传统的表格布局灵活性不足、代码冗余的缺点。

例 4.2.1 CSS+Div 布局的典型架构。

页面代码如下：

```
<!DOCTYPE>
<meta charset="UTF-8">
<title>CSS+Div 布局典型架构</title>
<style>
```

```
*{
    margin:0;padding:0;
    box-sizing:border-box;
    overflow:hidden;
}
#containerDiv{
    margin-top:20px;
    margin-left:auto;margin-right:auto;
    width:500px;height:600px;
    border:solid #E0E0E0 1px;
    text-align:center;
}
#bannerDiv{
    width:500px;height:100px;
    border:solid #E0E0E0 2px;
    line-height:100px;
}
#navigationDiv{
    width:500px;height:30px;
    border:solid #E0E0E0 2px;
    line-height:30px;
}
#foucsDiv{
    width:500px;height:150px;
    border:solid #E0E0E0 2px;
    line-height:150px;
    background-color:burlywood;
}
#foucsDiv_left{
    width:366px;height:150px;
    border-right:yellow solid 1px;
    float:left;
}
#foucsDiv_right{
    width:130px;height:150px;
    float:left;
}
.clearBoth{
    clear:both;
}
#contentDiv{
    width:500px;height:250px;
    border:solid #E0E0E0 2px;
```

```
        background-color:#F2F2F2;
    }
    #content1{
        width:165px;height:250px;
        border-right:red solid 1px;
        float:left;line-height:250px;
    }
    #content2{
        width:165px;height:250px;
        border-right:red solid 1px;
        float:left;line-height:250px;
    }
    #content3{
        width:166px;height:250px;
        float:left;line-height:250px;
    }
    #footerDiv{
        width:500px;height:70px;
        line-height:70px;
    }
</style>
<div id="containerDiv">
    <div id="bannerDiv">网站头部(公司 LOGO 等)bannerDiv</div>
    <div id="navigationDiv">导航(navigationDiv)</div>
    <div id="foucsDiv">
        <div id="foucsDiv_left">焦点内容(左)foucsDiv_left</div>
        <div id="foucsDiv_right">foucsDiv_right</div></div>
    <div class="clearBoth"></div><!--浮动清除-->
    <div id="contentDiv">
        <div id="content1">主体内容 1</div>
        <div id="content2">主体内容 2</div>
        <div id="content3">主体内容 3</div></div>
    <div class="clearBoth"></div><!--浮动清除-->
    <div id="footerDiv">网站底部(版权等信息)footerDiv</div>
</div>
```

页面浏览效果如图 4.2.1 所示。

例 4.2.2 一个采用 CSS+Div 布局的网站主页头部。

作者教学网站 http://www.wustwzx.com 的主页头部采用 CSS+Div 布局，采用一幅图片作为背景，如图 4.2.2 所示。

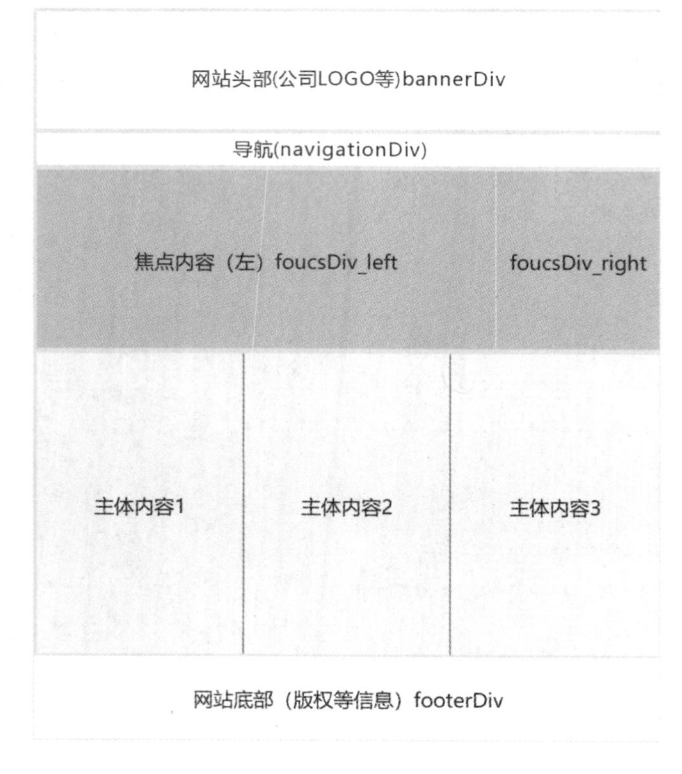

图 4.2.1　页面浏览效果

图 4.2.2　尺寸为 1000×190 的背景图片

添加相关内容后，主页头部浏览效果如图 4.2.3 所示。

图 4.2.3　主页头部浏览效果

主页头部的 HTML 代码如下：

```
<!--主页头部-->
<div class="top">
  <div class="nav">
    <ul><li><a href="#" class="first">首页</a></li>
      <li><a href="#">Web 前端开发</a></li>
      <li><a href="#">.NETWeb 开发</a></li>
      <li><a href="#">Java 大方向</a></li>
      <li><a href="#">PHP 网站开发</a></li>
      <li><a href="#">Web 信息检索</a></li>
      <li><a href="#">其它相关课程</a></li></ul></div></div>
```

主页头部应用的样式定义如下：

```
<style>
  *{
     margin:0;  /*去掉会导致垂直位置不对*/
     padding:0;  /*去掉会导致水平位置不对*/
  }
  .top{/*主页头部 Div 样式*/
     width:1000px;height:190px;
     margin-left:auto;margin-right:auto; /*居中 Div*/
     /*margin:0 auto;*/
     background:url("images/top.jpg") center top no-repeat;
  }
  .nav{/*主页头部里的导航*/
     padding-top:155px;
     width:1000px;height:35px;
  }
  .nav ul{
     list-style:none;   /*取消项目列表项前的符号*/
  }
  .nav li{
     width:120px;height:35px;
     float:left;
  }
  .nav li a{
     display:block;  /*关键设置,否则不会居中*/
     text-align:center;
     color:#666666;  /*设置超链接文本颜色*/
     line-height:35px;
     text-decoration:none;
  }
  .nav li a.first{/*重新定义特定位置上的超链接样式——交集选择器*/
     color:#fff;  /*白色*/
```

```
        text-decoration:none;
        /*鼠标位于超链接上时的背景图片*/
        background:url(images/navhover.png) no-repeat;
    }
    .nav li a:hover{
        color:#fff;
        /*鼠标位于超链接上时的背景图片*/
        background:url(images/navhover.png) no-repeat;
    }
</style>
```

注意：使用 Google 浏览器访问作者的教学网站，按功能键 F12 后可以分析其主页布局及各个元素应用的 CSS 样式。

例 4.2.3 带边框且自动适应数量的鲜花列表。

设计鲜花列表时，为了使边框自动适应鲜花数量，每种鲜花商品之间有一定的间距，需要使用负外边距，完成后的效果如图 4.2.4 所示。

图 4.2.4 鲜花列表

页面代码如下：

```
<!DOCTYPE>
<meta charset="UTF-8">
<title>使用负外边距实现带边框的商品列表</title>
<style type="text/css">
    *{
        margin:0;
```

```
        padding:0;
    }
    #div1 {
        width:580px;   /*定宽不定高*/
        margin-top:10px;
        margin-left:auto; margin-right:auto; /*在浏览器窗口里水平居中*/
        border:3px solid lightblue;
    }
    #div2{/*辅助容器,未指定宽度和高度*/
        overflow:auto;   /*关键属性设置,使用 hidden 代替也可,默认值是 visible*/
        margin:0-20px-20px 0;   /*与.box 样式相对应*/
    }
    .box {
        width:180px;height:180px;
        margin:0 20px 20px 0;   /*设置右外边距及下外边距,
                                        其中仅右外边距与总宽度相关联*/
        background:lightgreen;
        float:left; /*按左浮动方式并排平铺商品*/
        text-align:center;line-height:180px;
    }
    img{width:180px;height:180px;}
</style>
<!--当屏幕尺寸大于 580(=180*3+20*2)px 时,每行显示 3 件商品;
div1 水平居中,使用负边距自动适应商品件数的边框(右边及下边);
   不需要使用内边距,便于以程序方式循环平铺商品-->
<div id="div1">
    <div id="div2">
        <div class="box"><img src="images/p1.jpg"></div>
        <div class="box"><img src="images/p2.jpg"></div>
        <div class="box"><img src="images/p3.jpg"></div>
        <div class="box"><img src="images/p4.jpg"></div>
        <div class="box"><img src="images/p5.jpg"></div></div></div>
```

4.2.3 元素定位的 CSS 样式属性

元素的定位属性主要包括定位模式和边偏移两部分。

CSS 属性 position 用于页面元素的定位,其基本语法格式如下:

```
选择器{position:属性值;}
```

其中,position 属性的常用值有四个,分别表示不同的定位模式,具体如下:

- static:自动定位(默认定位方式)。
- relative:相对定位,相对于其原文档流的位置进行定位。
- absolute:绝对定位,相对于其上一个已经定位的父元素进行定位。
- fixed:固定定位,相对于浏览器窗口进行定位。

通过边偏移属性 top、bottom、left 或 right 来精确定义定位元素的位置，其取值为不同单位的数值或百分比，具体含义如下：

- top：顶端偏移量，定义元素相对于其父元素上边线的距离。
- bottom：底部偏移量，定义元素相对于其父元素下边线的距离。
- left：左侧偏移量，定义元素相对于其父元素左边线的距离。
- right：右侧偏移量，定义元素相对于其父元素右边线的距离。

4.2.4 元素定位模式

元素定位有静态定位、相对定位、绝对定位和固定定位等多种模式，并通过定位属性 position 来指定。

1. 静态定位

静态定位是指按照元素在 HTML 文档流中的默认位置定位，它是元素的默认定位方式。使用 CSS 样式属性 position="static"，也可以将元素定位于静态位置。

注意：静态定位时，无法通过边偏移属性(top、bottom、left 或 right)来改变元素的位置。

2. 相对定位

相对定位是指按照元素在原文档流中的位置进行定位，使用 CSS 样式属性 position="elative"并设置边偏移属性(top、bottom、left 或 right)等方式来改变元素的默认位置，并重新定位于相对位置。

注意：元素设置相对定位后，它在文档流中的位置仍然保留。

3. 绝对定位

绝对定位是指根据已经定位的父元素进行定位，使用 CSS 样式属性 position="absolute"设置元素为绝对定位。

注意：(1) 若所有父元素都没有定位，则依据 body 根元素(即浏览器窗口)进行定位。
(2) 设置为绝对定位的元素，将不再占据标准文档流中的空间。

4. 固定定位

固定定位是绝对定位的一种特殊形式，它以浏览器窗口作为参照物来定义网页元素。应用 CSS 样式 position="fixed"，表示元素使用固定定位方式。

当对元素设置固定定位后，元素将脱离标准文档流的控制，始终依据浏览器窗口来定义自己的显示位置。不管浏览器滚动条如何滚动，也不管浏览器窗口的大小如何变化，该元素都会始终显示在浏览器窗口的固定位置。

作者教学网站 http://www.wustwzx.com 主页右下方的 QQ 图标，采用固定定位，其样式定义如下：

```
#ico {/*客服图标绝对定位*/
    position:fixed;
    right:0px;
    bottom:100px;
    width:46px;
}
```

教学网站里 QQ 联系图标的位置如图 4.2.5 所示。

图 4.2.5　教学网站里 QQ 联系图标的位置

5. 堆叠顺序

当对多个元素同时设置定位时，定位元素之间有可能会发生重叠。CSS 提供了样式 z-index 来调整这些元素的堆叠顺序，其取值可为正整数、负整数和 0。z-index 的默认属性值是 0，z-index 取值大的元素，将位于取值小的元素之上。

相对定位时，通过设置 top 和 left 两个属性值为负值，可以实现页面元素的重叠（覆盖）效果。

例 4.2.4　一个相对定位与绝对定位混合的布局。

包含 5 个板块的背景图片如图 4.2.6 所示。

对于不规则的 div 布局，应在大 div 里应用定位属性 position="relative"，在 5 个用于写文字的小 div 里应用定位属性 position="absolute"，用来保证其正确的相对位置。页面浏览效果如图 4.2.7 所示。

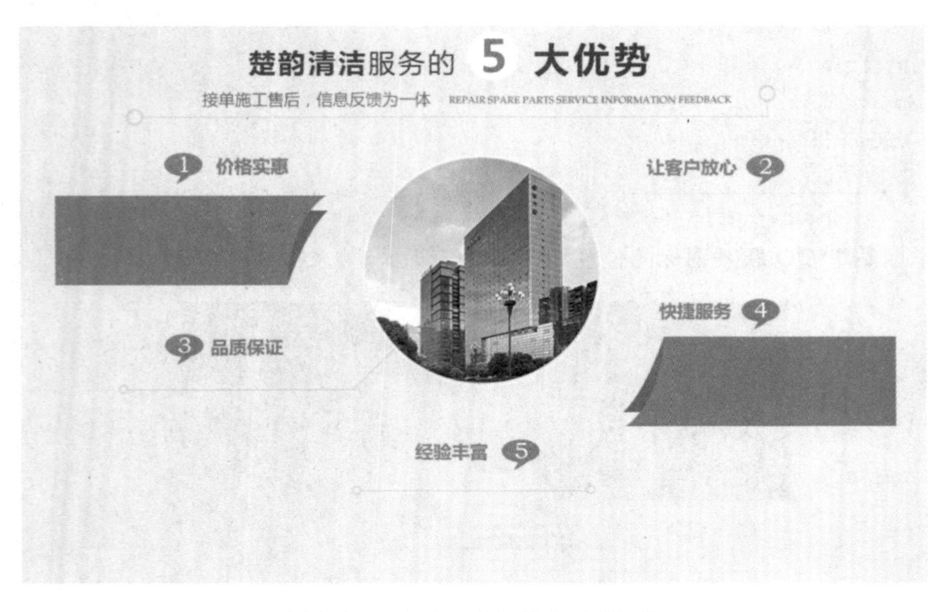

图 4.2.6　包含 5 个板块的背景图片

图 4.2.7　页面浏览效果

页面〈body〉部分的 HTML 代码如下：

```
〈div class="big"〉
   〈div class="small1"〉透明修车，不盲目换件；以 4S 店价格为基准统一定价，
                    工时为 4S 店的 60% ，配件为 70% ，每年为客户节省 30%～40% 的费用〈/div〉
   〈div class="small2"〉配备一般修理厂罕有的专用原厂检测仪器和先进的维修设备，
                                        开放式维修车间，远离修理陷阱〈/div〉
   〈div class="small3"〉标准化作业流程，一次修完，承诺返修赔 500；使用纯正配件，
                        承诺配件假一赔十；以厂家技术标准为维修质量标准〈/div〉
```

```
   <div class="small4">快速预约保养作业，一小时完成；按时交车，承诺交车超时赔 500；
                                       提前预约“零等待”，大大缩短客户的等待时间</div>
   <div class="small5">领先同行的汽车非金属件修复、漆面快修技术，
                                       修复的效果为广大客户所认可，具备独特的技术特色</div>
</div>
```

页面的样式代码如下：

```
body{
    margin:0px;
    padding:0px;
}
.big{
    width:1000px;height:634px;   /*与背景图片大小一致*/
    background:url(images/c02.jpg) no-repeat;   /*背景图片*/
    margin:0px auto;   /*水平居中，改变了默认的居左显示*/
    position:relative; /*大 div 相对定位是小 div 绝对定位的前提*/
}
.small1{
    position:absolute;
    height:81px;width:227px;
    left:63px;top:192px; /*顶点坐标是相对于父 div 而言的，不会因父 div 的移动而错位*/
    line-height:25px; color:#FFFFFF;   /*白字，在绿色背景中显示*/
}
.small2{
    position:absolute;
    height:81px;width:283px;
    left:675px;top:195px;
    line-height:25px;  color:#666;  /*黑字，在灰色背景中显示*/
}
.small3{
    position:absolute;
    height:81px;width:227px;
    left:121px;top:420px;
    line-height:25px;  color:#666;
}
.small4{
    position:absolute;
    height:81px;width:227px;
    left:720px;top:356px;
    line-height:25px; color:#FFFFFF;
}
.small5{
    position:absolute;
    height:64px;width:378px;
```

```
    left:363px;top:535px;
    line-height:25px; color:#666;
}
```

注意：本例中，大 div 如果取消水平居中设置（即为默认的居左），则不需要对它使用相对定位，请读者自己验证。

4.3 页内框架与框架集

4.3.1 页内框架

成对标签<iframe></iframe>用于创建包含另外一个文档的内联框架（即行内框架），该框架可以被超链接通过 target 属性引用。

标签<iframe>的主要属性有：

- width 和 height：宽度和高度，单位为像素或百分比。
- frameborder：是否显示框架的边框，取值 0 或 1。
- scrolling：是否产生滚动条，取值 yes、no 或 auto。
- name：框架名称，作为 target 属性值。
- src：预载入页面，任选。

注意：(1) 超链接引用页内框架时，其目标页面的内容在框架内显示，而不是在新开窗口里显示。
(2) 页内框架的使用，详见综合项目：会员管理信息系统 memmanal。

4.3.2 框架集

框架集是若干个框架的集合。定义了框架结构后，浏览器显示的窗口就被分割为几个部分，每个部分都可以独立地显示不同的网页。

<frameset>和</frameset>是用于分割浏览器窗口的成对标记，其相关属性如下：

- 属性 cols 用于设定分割左、右窗口的宽度，各数值之间用逗号“,”分隔，也可设为浏览器窗口尺寸的百分比，用“*”表示剩余部分（下同）。
- 属性 rows 用于设定分割上、下窗口的高度。
- 属性 name 用于定义该框架的名称，作为超链接 target 属性值。
- 属性 scrolling 用于是否产生滚动条。

标记<frameset>可以嵌套使用，即表示窗口先上下分割再左右分割，或者先左右分割再上下分割。

使用框架集的一个示例代码如下：

```
<!DOCTYPE>
<meta charset="utf-8"/>
<title>框架集使用示例</title>
<!--框架集的划分:先将窗口进行上下划分,再将下方进行左右划分-->
<frameset rows="25% ,*"><!--对浏览器窗口的上下划分-->
    <frame src="http://www.163.com" scrolling="no">
    <frameset cols="20% ,*"><!--对框架的左右划分-->
      <frame src="http://www.wustwzx.com/webfront/left.html" scrolling="no">
      <frame src="http://www.wustwzx.com/webfront/jcjs.html"
                                          name="mainFrame" scrolling="auto">
    </frameset>
</frameset>
```

注意：作者教学网站里的各课程网站均使用框架集制作，读者可使用浏览器的动态调试功能查验。

 4.4 综合项目：会员管理信息系统 memmana1

1. 总体设计

一个 Web 项目中的不同页面，都会存在相同的部分，如头部的导航信息和底部的版权信息等。常见的做法是将这些页面的公共部分保存在一个文件里（称为分部视图），然后通过文件包含（动态网站常用）或页内框架引用（静态）。项目文件系统如图 4.4.1 所示。

```
memmana1 —— 项目文件夹
  css
    footer.css —— 分部页（底部）样式
    header.css —— 分部页（头部）样式
    index.css —— 主页样式
  document —— 技术资料文档
  images —— 图像素材
  publicView
    footer.html —— 分部页（底部）
    header.html —— 分部页（头部）
  index.html —— 主页
  index0.html —— 主页里通过页内框架引用的页面
  mLogin.html —— 会员登录页面
  mRegister.html —— 会员注册页面
```

图 4.4.1　项目文件系统

作为公共视图的分部页(头部)header. html 的浏览效果,如图 4. 4. 2 所示。

date and time 会员管理信息系统 尚未登录!
站点主页 会员登录 会员注册 会员登出

图 4. 4. 2 作为公共视图的分部页(头部)header. html 的浏览效果

分部页(头部)header. html 的代码如下:

```
<link rel="stylesheet" href="../css/header.css">
<meta charset="utf-8"/>
<div class="top">
    <div class="row1">
        <!--第一行-->
        <div class="row11"><span id="dtps">date and time</span></div>
        <div class="row12">会员管理信息系统</div>
        <div class="row13"><span id="state">尚未登录!</span></div>
    </div>
    <div class="row2">
        <!--第二行-->
        <ul>
          <!--因为本"页面"是公共视图,以页内框架的形式被其他功能页面引用,
                         所以下面超链接中的 target 属性值是必需的(新开窗口)-->
          <li><a href="../index.html" target="_blank">站点主页</a></li>
          <li><a href="../mLogin.html" target="_blank">会员登录</a></li>
          <li><a href="../mRegister.html" target="_blank">会员注册</a></li>
          <li><a href="../index.html" target="_blank">会员登出</a></li>
        </ul>
    </div>
</div>
```

分部页(头部)header. html 引用的外部样式文件 header. css 的代码如下:

```
*{
    box-sizing:border-box;
    overflow:hidden;
    padding:0;margin:0;
}
a{text-decoration:none;}
#top {
    width:800px;
    height:80px;
    margin:0px auto 0px auto;/*水平居中*/
    background-color:#CC6;
}
#row1 {
    width:800px;
```

```
    height:50px;
    background-color:rgb(234, 243, 226);
}
#row11 {
    width:280px;
    height:50px;
    line-height:50px;/*行高*/
    text-align:center;
    float:left; /*浮动属性,实现并排*/
}
#row12 {
    width:280px;
    height:50px;
    line-height:50px;/*行高*/
    font-size:30px;
    font-family:"方正舒体";
    float:left; /*浮动属性,实现并排*/
}
#row13 {
    width:150px;
    height:50px;
    text-align:center;/*左右居中*/
    color:#FF0000;
    line-height:50px;/*行高*/
    float:left; /*浮动属性,实现并排*/
    /*border:1px red solid;*/
}
#row2 {
    /*菜单*/
    width:800px;height:30px;
    line-height:30px;
    padding-left:130px;
}
#row2 ul{/*使用空格建立上下文样式,实现精准控制*/
    list-style:none;   /*取消项目符号*/
}
#row2 ul li {
    width:150px;
    float:left;   /*并排列表项*/
}
#row2 ul li a {
    font-size:20px;
```

```
        color:#666666;
        text-decoration:none;
    }
    #row2 ul li a:hover {/*伪类样式*/
        color:#FF0000;
    }
```

注意:本项目只是综合训练 HTML 标签、CSS+Div 布局,并未使用客户端脚本实现时间的实时显示和登录状态的实时变更,后面介绍的项目 memmana2a 和 memmana2b 将解决上述问题。

作为公共视图的分部页(底部)footer. html 的浏览效果,如图 4.4.3 所示。

技术支持: Mr.Wu 版权所有: WUSTWZX, 2018

图 4.4.3 作为公共视图的分部页(底部)footer. html 的浏览效果

2. 站点主页设计

站点主页 index. html 的浏览效果,如图 4.4.4 所示。

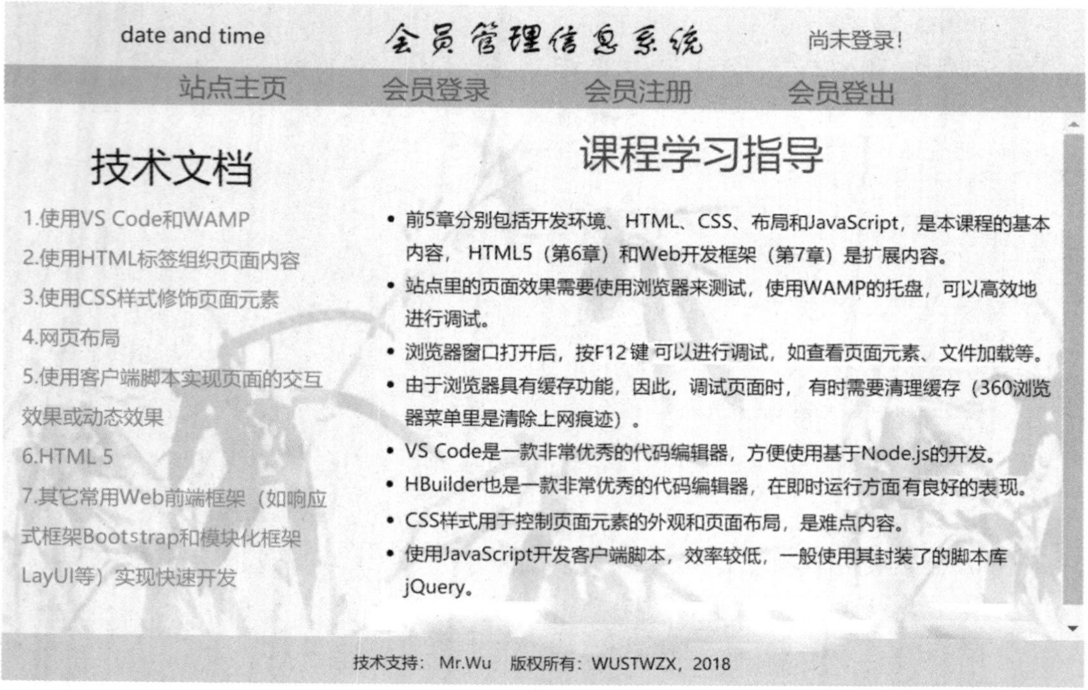

图 4.4.4 站点主页 index. html 的浏览效果

站点主页 index. html 共有 3 处使用标签〈iframe〉,第 1 处和第 3 处使用类似,分别引入公共的头部和底部视图,需要设定 width 为"100%";第 2 处用于显示课程学习指导或技术文档,需要指定具体的宽度。

站点主页 index.html 的完整代码如下：

```
<!doctype>
<html>
<head>
  <meta charset="utf-8"/>
  <title>会员管理信息系统</title>
  <link rel="stylesheet" href="css/index.css">
</head>
<body>
  <!--页面头部,width="100%"是关键属性-->
  <iframe src="publicView/header.html" width="100%" height="80"
                                    frameborder="0" scrolling="no"></iframe>
  <!--主页主体内容-->
  <div class="main">
    <div class="left">
      <center style="line-height:50px;font-size:30px">技术文档</center>
      <ul>
        <li><a href="document/sy1.html" target="kj">1.使用 VS Code 和 WAMP</a></li>
        <li><a href="document/sy2.html" target="kj">2.使用 HTML 标签组织页面内容
                                                                   </a></li>
        <li><a href="document/sy3.html" target="kj">3.使用 CSS 样式修饰页面元素
                                                                   </a></li>
        <li><a href="document/sy4.html" target="kj">4.网页布局</a></li>
        <li><a href="document/sy5.html" target="kj">5.使用客户端脚本实现页面的交互
                                                     效果或动态效果</a></li>
        <li><a href="document/sy6.html" target="kj">6.HTML 5</a></li>
        <li><a href="document/sy7.html" target="kj">7.其它常用 Web 前端框架(如响应
                      式框架 Bootstrap 和模块化框架 LayUI 等)实现快速开发</a></li>
      </ul>
  </div>
  <!--显示详细新闻内容-->
  <div class="right">
    <iframe name="kj" width="550px" height="400px" src="index0.html"
                                                   frameborder="no"></iframe>
  </div>
</div>
  <!--页面底部,width="100%"是关键属性-->
  <iframe src="publicView/footer.html" width="100%" height="38" frameborder="0"
                                                   scrolling="no"></iframe>
</body>
</html>
```

3. 会员登录页面设计

会员登录页面使用标签〈iframe〉引入头部和底部两个分部视图，主体是一个表单，内嵌一个表格来布局表单元素。会员登录页面浏览效果，如图 4.4.5 所示。

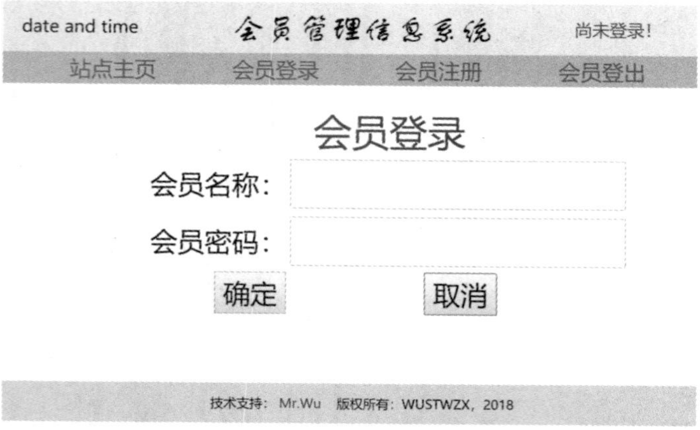

图 4.4.5　会员登录页面浏览效果

会员登录页面 mLogin.html 的代码如下：

```
〈!DOCTYPE〉
〈!DOCTYPE〉
〈html〉
〈head〉
      〈meta http-equiv="Content-Type" content="text/html; charset=UTF-8"〉
      〈title〉会员登录〈/title〉
      〈style〉
        form{
          margin-left:200px;
        }
        tr {
          font-size:25px;
          line-height:50px;
        }
        input {/*下列属性作用于表单输入元素，即文本框、下拉列表和按钮等*/
          font-size:25px;
          line-height:40px;
        }
      〈/style〉
〈/head〉
〈body〉
      〈!--页面头部，width="100%"是关键属性--〉
      〈iframe src="publicView/header.html" width="100%" height="80"
                                        frameborder="0" scrolling="no"〉〈/iframe〉
```

```
    <!--页面主体内容-->
    <div style="width:800px;height:240px;margin:20px auto;">
      <form method="post" action="#">  <!--自处理表单-->
        <table width="450" border="0">
        <caption style="line-height:45px;font-size:35px;color:red">会员登录
                                                                  </caption>
        <tr>
          <td align="right">会员名称:</td>
          <td><input type="text"></td></tr>
        <tr>
          <td align="right">会员密码:</td>
          <td><input type="password"></td></tr>
        <tr>
          <td align="right"><input type="button"  value="确定"/></td>
          <td align="center"><input type="button"  value="取消"/></td></tr>
        </table>
      </form>
    </div>
    <!--页面底部,width="100%"是关键属性-->
    <iframe src="publicView/footer.html" width="100%" height="38"
                                    frameborder="0" scrolling="no"></iframe>
</body>
</html>
```

注意:因为不涉及表单数据的提交处理,所以表单元素没有写 id 和 name 属性。

4. 会员注册页面设计

会员注册页面也使用标签<iframe>引入头部和底部两个分部视图,主体也是一个表单,内嵌一个表格来布局多种类型的表单元素。会员注册页面浏览效果如图 4.4.6 所示。

会员注册页面 mRegister.html 的代码如下:

```
<!DOCTYPE>
<html>
<head>
    <meta http-equiv="Content-Type" content="text/html; charset=UTF-8">
    <title>会员注册</title>
    <style>
      form{
        margin-left:200px;
      }
      tr {
        font-size:15px;
```

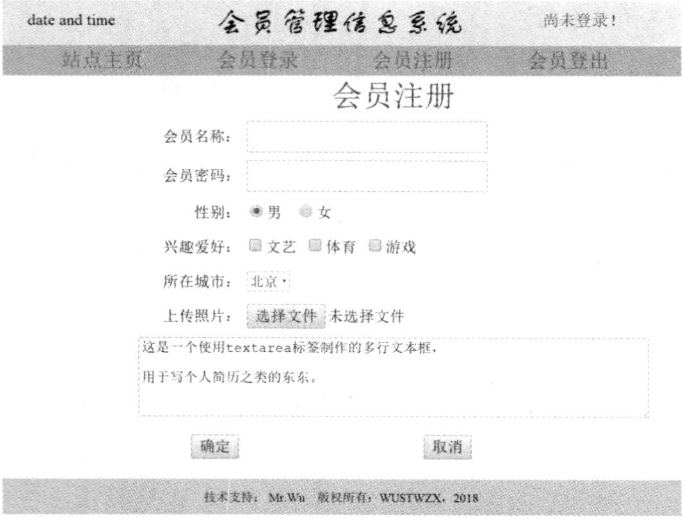

图 4.4.6 会员注册页面浏览效果

```
            line-height:30px;
        }
        input{
            /*作用于表单输入元素,即文本框、下拉列表和按钮等*/
            font-size:15px;
            line-height:25px;
        }
    </style>
</head>
<body>
    <!--页面头部,width="100%"是关键属性-->
    <iframe src="publicView/header.html" width="100%" height="80"
                                    frameborder="0" scrolling="no"></iframe>
    <!--页面主体内容-->
    <div style="width:800px;height:400px;margin:0px auto;">
        <form method="post">
            <table width="450" border="0">
                <caption style="line-height:40px;font-size:30px;color:red">会员注册
                                                                        </caption>
                <tr>
                    <td align="right">会员名称:</td>
                    <td><input type="text" size="30"></td></tr>
                <tr>
                    <td align="right">会员密码:</td>
                    <td><input type="password" size="30"></td></tr>
                <tr>
                    <td align="right">性     别:</td>
```

```
            <td><input type="radio" checked name="xb">男   
              <input type="radio" name="xb">女</td></tr>
          <tr>
            <td align="right">兴趣爱好:</td>
            <td><input type="checkbox">文艺  
              <input type="checkbox">体育  
              <input type="checkbox">游戏  </td></tr>
          <tr>
            <td align="right">所在城市:</td>
            <td><select>
                  <option>北京</option>
                  <option>上海</option>
                  <option>武汉</option>
              </select></td></tr>
          <tr>
              <td align="right">上传照片:</td>
              <td><input type="file"></td></tr>
          <tr>
              <td colspan="2"><textarea cols="60" rows="5">
                                                        这是一个使用 textarea 标签
              制作的多行文本框,用于写个人简历之类的东东。</textarea></td></tr>
          <tr height="50">
              <td align="right"><input type="button"  value="确定"/></td>
              <td align="center"><input type="button"  value="取消"/></td></tr></
table>
    </form>
  </div>
      <!--页面底部,width="100%"是关键属性-->
      <iframe src="publicView/footer.html" width="100%" height="38"
                                                  frameborder="0" scrolling="no"></iframe>
</body>
</html>
```

注意:因为不涉及表单数据的提交处理,所以许多表单元素没有写 id 和 name 属性(单选按钮标签除外)。

4.5 使用 HTML5 布局标签

使用 CSS+Div 布局时,需要创建类样式或 id 样式,其名称由设计者自行命名。为了提高代码的可读性和命名的规范化，HTML5 提供了若干用于布局的标签。在创建布局时，只需要建立这些标签样式即可。

注意：相对于 CSS+Div 布局而言，新的布局标签更有利于搜索引擎的检索，从而减少属性的使用。

HTML5 新增的布局标签及其作用如下：

- header 标签用于设置一个页面的标题部分，通常会包含标题、LOGO、导航等；
- footer 标签通常用于设置一个页面的底部区域，会包含友情链接、版权声明、文件建立日期、联系方式等；
- article 标签用于定义一个独立的内容区块，比如一篇文章、一篇博客、一个帖子、论坛的一段用户评论、一篇新闻报导等；
- section 标签用来定义文章中的章节和文档中的特定区块，可视为一个区域分组元素，用来给页面上的内容分块；
- aside 标签通常用来设置侧边栏，用于定义元素之外的内容，前提是这些内容与 article 元素内的内容相关，同时也可作为 article 内部元素使用，作为主要内容的附属信息，比如与主要内容有关的参考资料、名词解释；
- nav 标签用来定义导航栏、目录、超链接，并非所有的超链接都放在 nav 中，通常只把一个文档中的主导航栏放在 nav 中，在文章页面，nav 还可以用来给文字做一个目录的超链接；
- hgroup 标签通常放在 header 里，作用是便于标题使用样式，减少使用 id 的次数；
- address 标签通常用来说明邮件信息、地址、联系方式等；
- figure 标签是一个媒体组合元素，也就是对其他的媒体元素进行组合，比如图像、图表等，figcaption 标签用来对 figure 元素定义标题。

article 元素内可以嵌套其他元素，它可以有自己的头部、尾部、主题内容，使用时要特别注意内容的独立性，一般对独立完整的内容才使用 article 元素，如果是一段内容的话，应该使用 section 元素。

注意：与 CSS+Div 布局相比，使用 HTML5 布局，不是使用 div 标签并自定义样式名，而是重新定义 HTML5 布局标签的样式。

例 4.5.1 HTML5 布局标签的使用。

页面代码如下：

```
<!DOCTYPE>
<meta charset="utf-8"/>
<title>HTML5 布局标签的使用</title>
<style type="text/css">
```

```
*{
  margin:0px;padding:0px;      box-sizing:border-box;
}
header{
  width:315px;height:30px;
  line-height:30px;text-align:center;
  border:1px solid #000000;border-radius:5px;
}
nav{
  height:260px;width:40px;
  margin-top:5px;
  line-height:260px;text-align:center;
  float:left;  /*使用浮动实现并排*/
  border:1px solid #000000;border-radius:5px;  /*圆角边框*/
  margin-bottom:5px;  /*控制下方元素的间距,关键*/
}
section{
  height:260px;width:220px;
  float:left;
  margin-top:5px;margin-left:5px;
  padding-left:5px;
  border:1px solid #000000;border-radius:5px;
}
aside{
  height:260px;width:40px;
  line-height:260px;text-align:center;
  float:left;
  margin-top:5px;margin-left:10px;
  border:1px solid #000000;border-radius:5px;
}
section>header{ /*子选择器*/
  margin-top:20px;
  margin:5px;
  height:25px;width:200px;
}
article{
  height:160px;width:200px;
  text-align:center;
  line-height:160px;
  margin:5px;
  border:1px solid #000000;border-radius:5px;
}
section>footer{/*子选择器*/
```

```
        height:25px;width:200px;
        line-height:25px;
        margin:5px;
        border:1px solid #000000;border-radius:5px;
      }
      footer{
        clear:both;  /*清除浮动,关键*/
        width:315px;height:30px;
        line-height:25px;text-align:center;
        border:1px solid #000000;border-radius:5px;
      }
  </style>
  <header>header</header>
  <nav>nav</nav>
  <section>
      section
      <header>header</header>
      <article>artic</article>
      <footer>footer</footer></section>
  <aside>aside</aside>
  <footer>footer</footer>
```

使用 HTML5 布局标签的页面浏览效果,如图 4.5.1 所示。

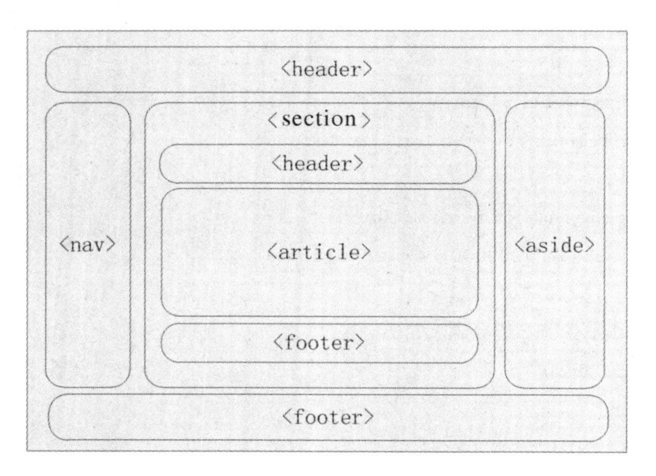

图 4.5.1　使用 HTML5 布局标签的页面浏览效果

注意:(1) 使用 CSS+Div 布局,也能实现本例布局效果,请读者自己完成。

(2) 与 CSS+Div 布局相比,使用 HTML5 布局标签更加简洁,代码量少。

(3) 使用 HTML5 布局标签时,不使用 div 标签并自定义样式名,而是重新定义 HTML5 布局标签的样式。

习题 4

一、判断题

1. 标记 div 与 table 一样，都具有 width 和 height 等标记属性。
2. 子容器默认也会继承父容器的定位模式。
3. 绝对定位也称固定定位。
4. 表格布局比 CSS+Div 布局更加简洁。
5. 使用框架集布局时，每个框架必须载入一个页面。

二、选择题

1. 在页面里自动水平居中 div，需要应用 CSS 样式属性________。
   A. position　　B. margin　　C. float　　D. padding
2. 为了实现两个 div 的并列显示，需要设置它们的 CSS 样式属性________。
   A. position　　B. display　　C. float　　D. top 和 left
3. 网页定位默认使用的定位模式是________。
   A. 静态定位　　B. 绝对定位　　C. 相对定位　　D. 固定定位
4. 超链接通过它的标签属性________来引用页内框架。
   A. style　　B. width　　C. href　　D. target
5. 将页内的某块区域定义为框架所使用的标签是________。
   A. frame　　B. iframe　　C. frameset　　D marquee

三、填空题

1. 盒子模型中盒子由内容区、边框、外边距和________四部分组成。
2. 在浏览器窗口里水平居中某个 div，应设置 CSS 属性 margin-left 和 margin-right 的值为________。
3. 实现页面元素的重叠效果，必须指定 div 的 CSS 样式属性 position 值为________。
4. 元素的定位属性主要包括定位模式和________两部分。
5. 子容器使用绝对定位的前提是父容器使用________定位。
6. 有堆叠的 2 个 div 应使用________定位模式。
7. 设定框架预载入页面，使用________属性。

实验 4□□□

一、实验目的

(1) 掌握盒子模型相关的 CSS 样式。

(2) 掌握使用 CSS 样式实现 div 标签并排及嵌套的用法。

(3) 掌握页内框架的定义及使用。

(4) 了解框架集的使用方法。

二、实验内容及步骤

预备 访问 http://www.wustwzx.com/webfront/index.html，单击第 4 章实验，下载本章实验内容的源代码(含素材)并解压，得到文件夹 ch04，将其复制到 wamp\www，在 HBuilder 中打开该文件夹。

1. 掌握 CSS+Div 布局

(1) 打开文件夹 ch04 里的文件 example4_2_1.html，并选择"边改边看模式"。

(2) 结合页面代码，理顺 div 之间的上下、并排和嵌套关系。

(3) 访问 http://www.wustwzx.com/webfront/sy/ch04/example4_2_1.html。

(4) 按 F12 键进入浏览器调试模式，调试页面里的主要 CSS 样式。

2. 分析教学网站主页头部的布局

(1) 打开文件夹 ch04 里的文件 example4_2_2.html。

(2) 使用 Windows 资源管理器，查验 div 背景图片的大小与 CSS 样式定义是否一致。

(3) 访问 http://www.wustwzx.com/webfront/sy/ch04/example4_2_2.html。

(4) 按 F12 键进入浏览器调试模式，调试页面里的主要 CSS 样式。

3. 掌握布局中的相对定位与绝对定位

(1) 打开文件夹 ch04 里的文件 example4_2_4.html。

(2) 对 big 样式使用相对定位做灵敏性测试。

(3) 对 small1 等样式使用绝对定位做灵敏性测试。

(4) 访问本页面，在浏览器窗口按 F12 键进入调试模式，调试本页面元素。

4. 了解框架集布局

(1) 打开 Google 浏览器，访问 http://www.wustwzx.com/webfront/index.html。

(2) 按 F12 键，进入浏览器调试模式。

(3) 查验主页是否使用框架集布局。

(4) 查验标签〈frameset〉的嵌套使用。

(5) 查看每个〈frame〉标签对应的框架预载入的页面。

(6) 查看框架的引用关系。

5. 综合项目分析

(1) 打开文件夹 ch04 里的子文件夹 memmana1。

(2) 打开公共视图文件 publicView/header.html,查看对站内资源的引用。

(3) 打开主页文件 index.html,查看对公共视图文件的使用(以页内框架的形式)。

(4) 在本地访问项目 memmana1,并做浏览测试。

(5) 对 header.html 里的超链接使用属性 target="_blank"做灵敏性测试。

(6) 对样式文件 header.css 里的 * 样式做灵敏性测试。

(7) 以类似的方式,分别分析登录页面和注册页面的布局及样式设计。

三、实验小结及思考

(由学生填写,重点写上机中遇到的问题。)

第5章 JavaScript 与 jQuery

JavaScript(以下简称 JS)是一种解释性的脚本语言(JS 代码不需要编译),用于编写页面脚本,以实现对网页客户端行为的控制。目前的浏览器几乎都内嵌了 JS 引擎,用来执行客户端脚本。网页设计人员还可以使用优秀的 JS 功能扩展库 jQuery 或第三方提供的 JS 脚本。本章学习要点如下:

- 掌握在页面中使用 JS 脚本的方法;
- 掌握 JavaScript 内置对象实现对表单提交数据有效性验证的方法;
- 掌握使用 JS 对象和浏览器对象实现页面的交互效果和动态效果的方法;
- 掌握 JSON 数据格式及 jQuery 的使用方法;
- 掌握使用第三方的 JS 脚本制作图片新闻的方法。

5.1 JavaScript 基础

5.1.1 JavaScript 概述

JavaScript 诞生于 1995 年,它的诞生使得页面不再是一成不变的静态页面,增加了用户交互、控制浏览器以及动态创建页面内容等功能。最重要的是,JavaScript 使表单数据合法性验证的工作在客户端得以实现。

JavaScript 是程序语言中的一种,JavaScript 脚本嵌入 HTML 页面里,直接通过浏览器运行。JavaScript 由三部分组成,如图 5.1.1 所示。

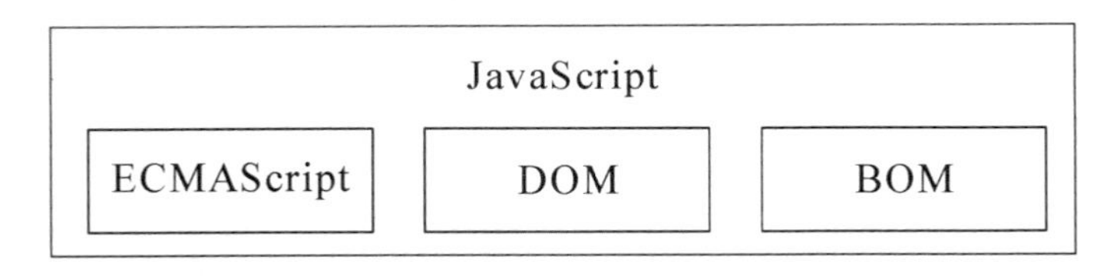

图 5.1.1 JavaScript 的组成

JavaScript 各组成部分的作用如下:

(1) ECMAScript 是 JavaScript 语法的核心部分;

(2) 文档对象模型(document object model,DOM),提供访问和操作网页内容的方法和接口;

(3) 浏览器对象模型(browser object model,BOM),提供与浏览器交互的方法和接口。

JavaScript 的执行原理:当客户端向服务器端请求某个页面时,服务器端将整个页面中包含 JavaScript 的脚本代码作为响应内容,发送回客户端机器,客户端浏览器根据发送回的网页文件从上往下逐行读取并解析其中的 html 或者脚本代码,如图 5.1.2 所示。

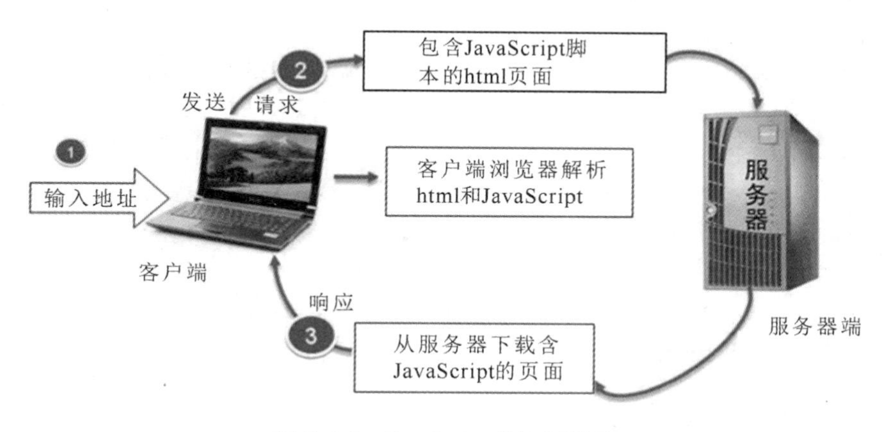

图 5.1.2　JavaScript 的执行原理

JavaScript 脚本代码从服务器端下载到客户端，然后在客户端执行，它不占用服务器端的 CPU 等资源。因此，在客户端执行脚本代码，分担了服务器的任务，从而间接地提升了 Web 服务器的性能。

浏览器渲染页面之前，会先根据 HTML 文档构建 DOM 树。浏览器在解析 DOM 树的过程中，如果遇到一个 JS 脚本，就会停下来执行这个脚本，然后继续解析。如果遇到了一个引用外部资源的 JS 脚本，它就必须停下来等待这个脚本资源的下载，此时可能会导致页面首次渲染时间的延迟。

JS 脚本出现的位置，可以是页面文档的头部或主体部分。

注意：为方便阅读文档，在许多情形下，将 JS 脚本放在标签〈/html〉之后也是可以的。

使用 JS 脚本的方式主要有如下三种。

(1) 内部脚本。在页面里，使用成对标签〈script〉和〈/script〉来存放 JavaScript 脚本代码。内部脚本里，根据变量的作用域，变量可分为全局变量和局部变量。全局变量是指定义在函数之外的变量或者未定义而直接使用的变量；局部变量是指在函数内部声明的变量，仅对当前函数体有效。内部脚本里的函数不会自动执行，只能通过事件或脚本函数之间的调用才会执行。

(2) 外部脚本。在页面里，使用成对标签〈script src="jsfile"〉〈/script〉来引入存放在某个文件里的 JavaScript 脚本代码。其中，jsfile 表示外部脚本文件的路径。

(3) 内联式脚本。作为特殊的内部脚本，内联式脚本不需要使用成对标签〈script〉和〈/script〉，它将 JS 代码作为事件的响应代码，并以"javascript:"打头的字符串形式呈现。

注意：内联式脚本中的响应代码的前导符"javascript:"，在通常情况下可以省略。

使用内联式脚本的示例代码如下：

```
<!--以 JS 代码作为对单击超链接事件的响应-->
<a href="javascript:alert('欢迎进入 JavaScript 世界');">请单击我呀</a>
```

```
<!--下面的 JS 代码省略了前导符-->
<a href="index.html" onclick="return confirm('确实要退出会员登录吗?')">
                                                    会员登出</a>
```

注意：(1) 带有 src 属性的<script>标签，不应该在<script>和</script>标签之间再度包含额外的 JS 代码，否则，这种方式嵌入的代码将被忽略。

(2) 在动态网页开发时，经常将一段简单的内部脚本作为一个特殊的字符串输出，以完成客户端的相关操作。如输出登录成功后转向主页，就需要使用两条 JS 脚本指令。

5.1.2 JavaScript 数据类型与运算符

变量与常量是程序设计中最基本的概念。常量是指在程序运行过程中值不发生变化的量；变量是相对于常量而言的，它的值在程序运行过程中可以随时变化。常量最终属于某种数据类型。

1. JS 数据类型与 JS 对象

JavaScript 中有五种基本的数据类型，分别是 number、string、boolean、undefined 和 null，另外还有一种复杂的数据类型——object 对象类型。

注意：JavaScript 是基于对象的语言，这意味着程序员既可使用系统定义的对象，也可使用自己创建的对象。

在 JavaScript 中，变量的类型可以改变，但某一时刻的类型是确定的。因此，需要一种手段来检测给定变量的数据类型，typeof 就是负责提供这方面信息的运算符，而使用运算符 instanceof 判定某个对象是否为某个类的实例。

注意：(1) 使用 Java 和 C 语言编程时，必须先声明类型后再使用，它们属于强类型，而 JavaScript 则属于弱类型。

(2) 通过 typeof 运算符或 typeof()函数均可获得变量的当前数据类型。

例 5.1.1 JS 数据类型与 JS 对象。

测试 JS 数据类型与 JS 对象的代码如下：

```
<!DOCTYPE>
<meta charset="UTF-8">
<meta name="viewport" content="width=device-width, initial-scale=1.0">
<meta http-equiv="X-UA-Compatible" content="ie=edge">
<title>JS 数据类型与 JS 对象操作</title>
<script>
    var age=35.5;
    document.writeln(typeof age);   //number
    var message="hi";
```

```
document.writeln(typeof message);  //string
var username;
document.writeln(typeof username);  //undefined(变量 username 未定义值)
document.writeln(age>40);     //false
var obj=new Date();  //创建 JS 内置对象的实例
document.writeln(typeof obj);  //object
document.writeln("年份:"+obj.getFullYear());  //获得 4 位年份
document.writeln("年份:"+obj.getYear());  //获得年份-1900
console.log(obj);
//null 常用来表示方法试图返回一个不存在的对象
document.writeln(document.getElementById('noid'));  //null
                                                  (当不存在 id 为 nodi 的元素时)
document.writeln(typeof null);  //object
//ECMAScript 认为 undefined 是从 null 派生出来的,所以把它们的值定义为相等
document.writeln(null==undefined);  //true
//相等(==)但不全等(===)
document.writeln(null===undefined); //false
//判定类型是否相同
document.writeln(typeof(null)==typeof(undefined)); //false
document.writeln("<hr/>");
var str="我不是一个真的对象";  //以字面量形式创建变量
//str 被暂时包装成一个 String 对象,可调用该对象的属性和方法
document.writeln(str.length);  //输出 9
document.writeln(typeof(str));  //输出 string
document.writeln(typeof(str)==Object);  //输出 false
var str1="abc";
var str2=new String("abc");
document.writeln(str1==str2); //输出:true(值相等)
document.writeln(typeof(str2));  //输出 object
document.writeln(str1===str2); //输出:false(不是全等)
document.writeln("<hr/>");
var arr1=new Array(3);  //创建数组
arr1[0]="ASP";arr1[1]="JSP";arr1[2]="PHP";
var arr2=["ASP","JSP","PHP"];  //以直接赋值的方式创建数组
document.writeln(typeof(arr2)); //输出:object
document.writeln(arr1[0]==arr2[0]); //输出 true
document.writeln(arr1==arr2); //输出 false(地址比较)
document.writeln(arr1.length==arr2.length); //输出 true
var dt=new Date();
document.writeln(typeof(dt));  //输出 object
console.log(dt.toLocaleString());  //本地环境的日期与时间格式
//创建 JS 对象的几种方式
```

```
//方式一:较为标准的方式
document.writeln("<hr/>");
var person1=new Object();
document.writeln(typeof person1); //输出:object
person1.name="John";
person1.age=50;
console.log(person1);   //按 F12 键,在 console 控制台显示
document.writeln(person1);  //输出:[object Object]
document.writeln(person1.age);
person1=20;  //改变了变量存放的数据类型
document.writeln(person1);
//方式二:只包含若干属性时的快速创建
var person2={name:"John", age:50};  //属性名也可以不加引号
//var person2={"name":"John", age:50}; //属性名可以加引号
console.log(person2);   //按 F12 键,在 console 控制台显示
//方式三:创建 JS 对象的构造函数模式
document.writeln("<hr/>");
function Person3(name, age, job) {//有返回值(对象)的方法定义
    this.name=name;  //定义属性
    this.age=age;
    this.job=job;
    this.sayName=function() {//定义方法
        document.writeln("I am"+this.name);
    }
}
var person3=new Person3("Wangli", 38, "teacher");  //需要使用 new 运算符
// var person3=new Person3("Wangli",null,null);//可以使用空值类型
person3.sayName();  //方法调用,输出:I am Wangli
console.log(person3);  //输出对象的成员(属性与方法)
//方式四:创建 JS 对象的工厂模式
document.writeln("<hr/>");
function createPerson4(name, age, job) {//有返回值(对象)的方法定义
    var obj=new Object();
    obj.name=name;  //定义属性
    obj.age=age;
    obj.job=job;
    obj.sayName=function() {//定义方法
        document.writeln("I am "+this.name);
    }
    return obj;  //返回值
}
var person4=createPerson4("Wangli", 38, "teacher");
```

```
    // var person4=createPerson("Wangli",null,null);//可以使用空值类型
    person4.sayName();  //方法调用,输出:I am Wangli
    console.log(person4);  //输出对象的成员(属性与方法)
</script>
```

注意:(1) 在 JavaScript 中,整数和小数都是 number 类型。

(2) 字符串类型 string 是程序中最常用的一种类型,字符串是使用一对双引号引起来的若干字符。

(3) boolean 是布尔类型,也称真假类型。这个类型有两个标准值:true(真)和 false(假)。布尔值用来表示一个逻辑表达式的结果,通常用作判断处理。

(4) 对未初始化的变量及未声明的变量使用 typeof 运算符,均会返回 undefined(未定义)。

(5) null 是空值类型,表示一个变量已经有值,但值为空对象,使用 typeof 检测时会返回 object。null 常用来表示方法试图返回一个不存在的对象。

(6) JS 使用双等号==判定两个变量值是否相等,使用全等号===判定类型是否相同及值是否相等。

2. JavaScript 运算符

运算符是一种特殊的符号,一般由 1～3 个字符组成,用于实现数据之间的运算、赋值和比较。JavaScript 运算符如表 5.1.1 所示。

表 5.1.1　JavaScript 运算符

类　　型	运　算　符
算术运算符	+　-　*　/　%　++　--
赋值运算符、条件赋值	=　?=
比较运算符	>　<　>=　<=　==　!=
逻辑运算符	&&　||　!
类型与实例判定运算符	typeof　instanceof

JavaScript 提供的三元运算符"?:",用于对变量进行条件赋值,使用它的一个示例代码如下:

```
<script>
  var s=55;  //成绩分数
  var dj;  //是否通过
  s<60? dj="不及格":dj="及格";
  document.writeln(dj);
</script>
```

注意:在 JS 中,加号"+"也能实现字符串的相加。例如:"demo"+123 的结果是 demo123。

5.1.3 JavaScript流程控制语句

程序是可执行的语句序列。程序语句除了有容易理解的顺序语句外，还有分支语句和循环语句。

1. 分支语句

分支语句用于条件执行，可分为单分支语句、双分支语句和多分支语句三种。

单分支语句的用法格式如下：

```
if(exp){
  statement;  //exp的值为真时才执行
}
//后继语句;  //无条件执行的语句
```

双分支语句用于二选一，其用法格式如下：

```
if(exp){
  statement1;  // exp的值为真时执行
}else{
    statement2;   // exp的值为假时执行
}
//后继语句;  //无条件执行的语句
```

多分支语句用于多选一的情形，其用法格式如下：

```
if(exp1){
    statement1;
}
else if(exp2){
    statement 2;
}
else if(exp3){
    statement 3;
}
……
else if(expn){
    statementn;
}
else{
    statementn+1;
}
//后继语句;  //无条件执行的语句
```

注意：多分支语句实质上是基本分支语句(单分支语句和双分支语句)的嵌套。

开关语句用于多选一的情形，其用法格式如下：

```
switch(表达式) {
        case  常量表达式 1:语句组 1; break;
        case  常量表达式 2:语句组 2; break;
        case  常量表达式 3:语句组 3; break;
            …….
        case  常量表达式 n:语句组 n; break;
        default:语句组 n+1;
    }
//后继语句; //无条件执行的语句
```

注意:执行开关语句时,遇到 break 语句就终止 switch 语句的执行,转到后继语句。

2. 循环语句

循环语句有 for、while 和 do…while 等多种格式。for 循环语句的语法格式如下:

```
for(exp1;exp2;exp3){//当 exp1 为真时仅执行一次
    循环体语句  //当 exp2 为真时才执行,然后执行 exp3,再执行 exp2
}
// 后继语句
```

注意:当 exp2 为假时,将终止循环语句的执行。

while 循环语句的语法格式如下:

```
while(exp){//当 exp 为真时才执行循环体语句
    循环体语句
}
// 后继语句
```

do…while 循环语句的语法格式如下:

```
do{
    循环体语句
}while(exp);  //当 exp 为假时将执行后继语句
// 后继语句
```

注意:do…while 是先执行循环体语句,再判断条件,因此循环体语句至少执行一次。

在循环体内,通常使用 if 语句检测某种条件是否成立。当条件成立时,使用 break 语句可以提前终止循环,即程序执行到循环语句的后继语句。

5.1.4 JavaScript 对象的 PEM 模型

JavaScript 中的所有事物都是对象,如字符串、数值、数组等。此外,JavaScript 允许自定义对象。

为了控制客户端的行为，需要引入面向对象的思想和对象的PEM模型。类与对象是面向对象编程方式的核心和基础，对象是类的一个实例，类是对一类对象的抽象。通过类可以对零散的用于实现某项功能的代码进行有效管理。

将要处理的问题(对象)抽象为类，并将这类对象的属性和方法封装起来，通过对象的事件来访问该类对象的属性和方法，以解决实际问题。

任何对象都具有一些属性(property)和方法(method)，方法是在一定的事件(event)发生时采用的，这就是对象的PEM模型。

属性是与对象相关的值，访问对象属性的语法是：

```
objectName.propertyName;
```

方法是能够在对象上执行的动作，调用方法的语法是：

```
objectName.methodName();
```

使用函数可以实现特定的功能，在使用函数前，必须对函数进行定义。定义函数和其他的普通JavaScript代码一样，都需要放置在〈script〉和〈/script〉之间，需要使用关键字function。定义JS函数的一般方法如下：

```
function 函数名(形式参数1,形式参数2,…,形式参数n){
  //语句系列
}
```

对于函数外部的语句来说，函数内部语句是不可见的，这时就需要一种沟通机制，参数就是它们沟通的桥梁。通过参数，外部语句可以传递不同的数据给函数处理，参数也是一种变量，但这种变量只能被函数体内的语句使用，并在函数被调用时赋值，通常它们被称为形式参数。在创建getArea函数时，声明了形式参数width和height，函数内部的语句都可以使用width和height，但目前它们是没有值的，它们的值取决于调用函数时传递给它们的值，称为实参。

函数的参数是外部语句对函数内部语句的信息传递，而函数的返回值则刚好相反，它能够将一个结果返回给外部语句使用。实现函数返回值的语句是return，其用法如下：

```
return 返回值;
var result=函数(参数);
```

以上语句在函数体内需要返回值时使用，执行到return这条语句后，函数就停止执行。在调用函数时，可以把返回值赋值给变量。

注意：(1) JS函数不必说明返回值类型(与其他语言不同)。
(2) 函数的命名规则与变量名的命名规则相同。
(3) 函数名后的括号()里，可以包含若干参数，也可以不带任何参数。
(4) 定义JS函数时，需要使用一对大括号{}，它包含具体实现特定功能的若干语句。

函数是不会自动执行的，因此，定义好函数后，就可以在适当的时候进行调用。调用一个函数的方法是使用函数名，并且在函数名后用括号包含所需要传入的参数值。调用函数的语句也需要放置在〈script〉和〈/script〉里。

JavaScript支持的浏览器事件有很多，它们可以用于不同的对象，常用浏览器事件如表5.1.2所示。

表 5.1.2 JavaScript 支持的常用浏览器事件

序号	事件名	含义或说明
1	OnClick	单击事件，常用于 Button 类型的命令按钮
2	OnFocus	获得焦点事件，如激活文本框等对象时触发
3	OnBlur	失去焦点事件，如下拉列表选择、文本框输入确定后触发
4	OnChange	更新后事件，在元素的值发生改变时触发
5	OnLoad	document 对象的事件，浏览器完成 HTML 文档载入时触发
6	OnDblClick	双击事件，常用于 Button 类型的命令按钮
7	OnMouseOver	鼠标位于对象上时触发
8	OnMouseOut	鼠标从对象上离开时触发
9	OnSubmit	单击表单的提交按钮时触发

在事件源对象所对应的 html 标签上增加一个要处理的事件属性，让事件属性值等于处理该事件的函数名或程序代码。

```
<script>
function changeSize(){
    var obj=document.getElementById("txt");
    obj.style.fontSize="30px";
}
</script>
......
<p id="txt" onclick="changeSize()">事件与处理程序的绑定</p>
```

用匿名函数来简化，即事件名=function(){…}

```
<script type="text/javascript">
  document.getElementById("txt").onclick=function(){
    this.style.fontSize="30px";
  };
</script>
```

单击表单元素的提交按钮时，会触发 form 标签的 OnSubmit 事件，浏览器对这个事件的默认处理方式是提交数据给 action 属性指定的页面进行处理。如果要让用户在单击"提交按钮"后不提交数据到指定的页面，就需要编写一个事件处理程序来改变浏览器对 form 标签的 OnSubmit 事件的默认处理方式。

```
<script>
  function check(){
    var userName=document.getElementById("name").value;
    if(userName==""){
      alert("请输入用户名");
      return false;
  }
```

```
    return true;
  }
  </script>
  ......
  <form action="info.html" onsubmit="return check()">
    <p>用户名:<input type="text" id="name"/></p>
    <p><input type="submit" value="提交"/></p>
  </form>
```

浏览器执行完事件处理程序后，还会去执行该事件的默认动作，如 OnSubmit 事件的默认动作是跳转页面。在 check 函数中，设置 event 对象的 returnValue 属性值为 false，就表示要取消浏览器对当前事件的默认处理，这里是指让浏览器不再跳转到 info. html 页面。

例 5.1.2 交换图像(内联式脚本的使用)。

当鼠标位于图像上时，图像被另一幅图像替换；当鼠标离开图像时，还原成先前的图像。页面 example5_1_2. html 的浏览效果如图 5. 1. 3 所示。

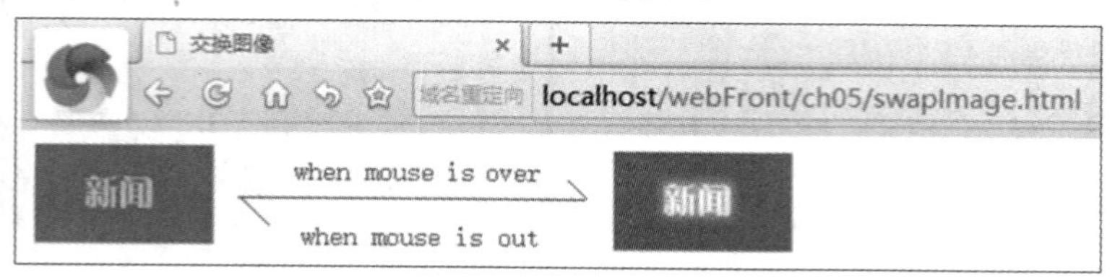

图 5. 1. 3 页面 example5_1_2. html 的浏览效果

页面代码如下：

```
<!doctype>
<html>
<head>
    <meta charset="utf-8">
    <title>交换图像</title>
</head>
<body>
    <img src="../images/xingwen.jpg" width="102" height="58" onMouseOver=
        "this.src='../images/xingwen_p.jpg'" onMouseOut="this.src=
                                            '../images/xingwen.jpg'"/>
</body>
</html>
```


例 5.1.3 模拟开关效果(内部脚本的使用)。

页面代码如下：

```
<!doctype>
<html>
<head>
    <meta charset="utf-8">
    <title>使用图像模拟开关效果</title>
</head>
```

```
<body>
  <img src="images/switch_off.png"  name="on_off" onClick="switching()"/>
</body>
</html>
<script>
  var switchstate=0;  //指示开关状态为 off
    function switching(){//脚本方法响应页面事件
        if(switchstate==0){
            switchstate=1;
            on_off.src="images/switch_on.png";
        }else{
            switchstate=0;
            on_off.src="images/switch_off.png";
        }
    }
</script>
```

模拟开关效果页面的浏览效果,如图 5.1.4 所示。

图 5.1.4　模拟开关效果页面的浏览效果

5.1.5　JavaScript 脚本调试

1. 主动调试

使用方法 window. alert()在页面上安排较少信息的输出,可以完成简单的调试。如果要观察的信息较多,则因 alert()阻断线程运行(需要用户不断地点击),可以考虑使用方法 console. log()在浏览器 Console 控制台里输出。

> **注意**:方法 console. log()的参数可以是一个包含许多属性的对象,它的功能比 window 对象的 alert()方法的功能更强大。

2. 动态调试

与主动调试不同,精准、动态的调试方法是使用浏览器的 JS 调试器,其具体操作是在浏览页面时,按 F12 键进入调试状态,切换至“Sources”并打开源程序,在源程序 JS 脚本的行号前通过单击来设置断点。浏览页面并交互时,鼠标放到代码里面就可以看到变量值,还可以输出任意表达式的值,如图 5.1.5 所示。

> **注意**:再次单击行号,将取消断点设置。

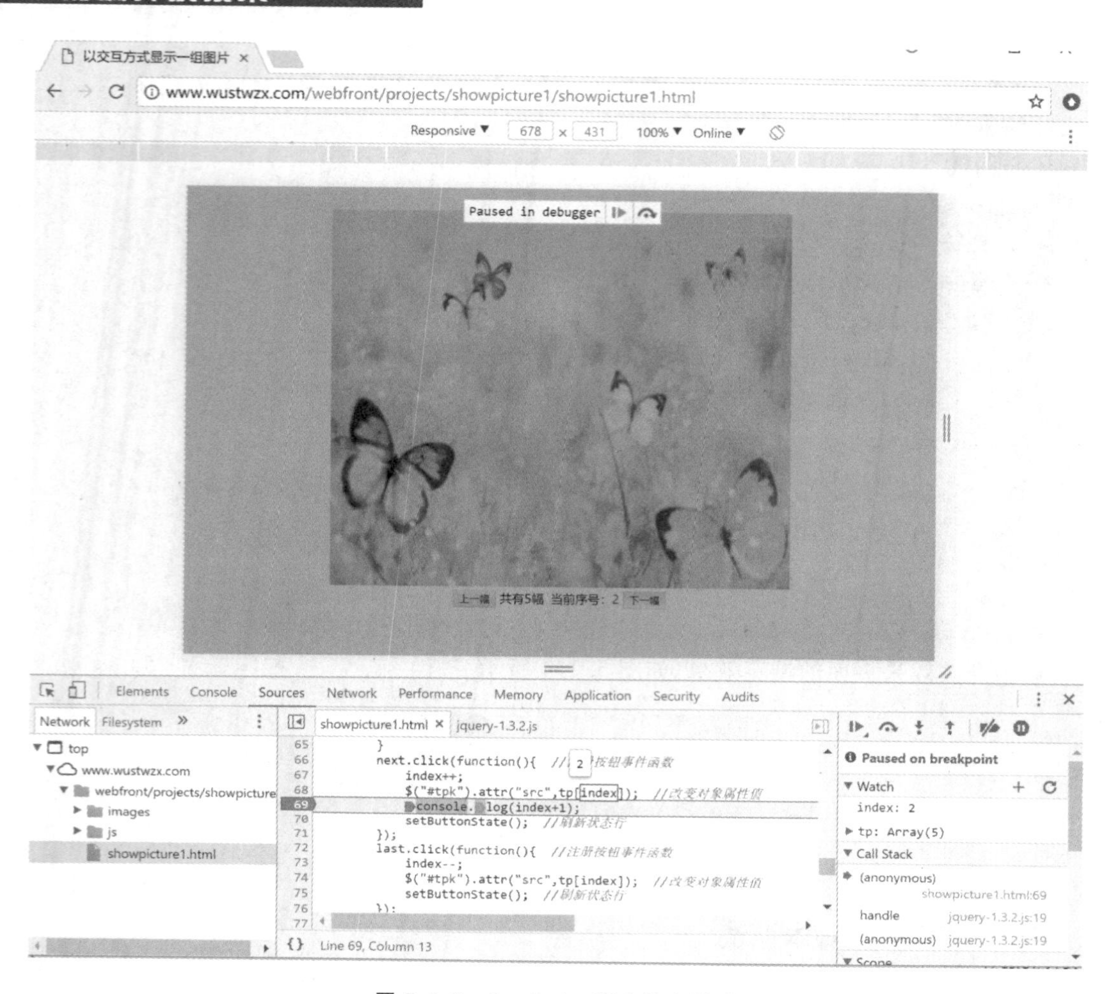

图 5.1.5　JavaScript 脚本动态调试

5.2　JavaScript 内置对象

如今的浏览器程序，一般都嵌入了 JavaScript 解释程序，用以解释和执行嵌入在页面里的 JS 脚本程序。

JS 内置了几个重要对象，主要包括数组对象 Array、日期/时间对象 Date、字符串对象 String 和数学对象 Math 等。其中，Array、Date 和 String 是动态对象，它们封装了一些常用属性和方法，使用前需要使用 new 运算符创建其实例；而 Math 是静态对象，不需要实例化就可以直接使用其方法及属性。

5.2.1　数组对象 Array

Array 是动态对象，用来存放一组相关数据。数组中的每个元素对应一个唯一的下标，从 0 开始计。创建 Array 实例对象的代码如下：

```
var myArr=new Array(4);    //4 为数据长度
//可以对数组元素 myArr[0]、myArr[1]、myArr[2]和 myArr[3]赋值
```

数组声明后，在使用前需要对数组元素赋值。实际开发中，可以使用如下更为简便的方式：

```
//定义一个名为 tp 的图片数组
var tp=["images/p1.jpg","images/p2.jpg","images/p3.jpg",
                                    "images/p4.jpg","images/p5.jpg"];
document.writeln(tp.length);      //输出数组长度值为 5
```

Array 对象具有长度属性 length 及处理字符串的方法，其主要方法如下：

- 把数组的所有元素放入一个字符串，并通过指定的分隔符进行分隔 join()；
- 连接多个数组，使之成为一个新数组 concat()；
- 反转数组元素 reverse()；
- 排列数组元素 sort()。

5.2.2 日期/时间对象 Date

Date 用于处理日期和时间，自动把当前日期和时间保存为其初始值，提供了综合输出日期与时间信息的方法 toLocaleString()和获取四位年份的方法 getFullYear()等。

使用 Date 前，需要先创建其实例，然后通过实例对象引用类方法。一个示例代码如下：

```
<script>
    var dt=new Date();  //获取当前的日期与时间信息
    document.writeln(dt.toLocaleString());
</script>
```

5.2.3 字符串对象 String

String 是动态对象，表示字符串，使用一对单撇号或一对双撇号。创建 String 实例对象的代码如下：

```
var myStr=new String("一串字符");
```

String 对象具有长度属性 length 及处理字符串的方法，其主要方法如下：

- 把字符串转换为大写 toUpperCase()；
- 检索字符串 indexOf()；
- 从起始索引号提取字符串中指定数目的字符 substr()；
- 提取字符串中两个指定的索引号之间的字符 substring()；
- 把字符串分割为字符串数组 split()。

使用 String 对象的一个示例代码如下：

```
<script>
    var s=new String("Hello");  //获取当前的日期与时间信息
    //var s="Hello";
    document.writeln(dt.length);   //输出 5
</script>
```

注意：(1) 一个汉字按一个字符计。
(2) 字符串对象与字符串具有相同的属性和方法。

1. 子串查找方法

子串查找方法 indexOf()的用法格式如下：

```
StrObj.indexOf(subString[, startIndex]);
```

该方法的功能是返回子字符串 subString 在字符串对象(或变量)StrObj 中的起始位置。如果不存在，则返回－1。任选参数 startIndex 表示开始查找的起始位置，如果省略，则从字符串的开始处查找。其中，位置序号从 0 开始计。一个示例代码如下：

```
var str="abcdefghxeye";
document.writeln(str.indexOf("e"));   //输出 4
document.writeln(str.indexOf("e",6)); //输出 9
document.writeln(str.indexOf("c",6)); //输出-1
```

2. 截取子串方法

截取子串方法有 substring()和 substr()。

- substring()的用法格式如下：

```
substring(m[,n]);
```

该方法的功能是返回从第 m 位至第 n 位(不包括第 n 位的字符)之间的 n－m 个字符。一个示例代码如下：

```
var s="How are you?";
document.writeln(s.substring(4,6));   //输出 ar
document.writeln(s.substring(4));   //输出 are you?
```

- substr()的用法格式如下：

```
substr(m,n);
```

该方法的功能是返回从第 m 位开始的前 n 个字符。

```
var s="How are you?";
document.writeln(s.substr(4,3));   //输出 are
```

3. 字母大小写转换方法

字母大小写转换方法有 toLowerCase()和 toUpperCase()，前者将字符串中的字母全部转换为对应的小写字母，后者相反。一个示例代码如下：

```
var str="Hello";
document.writeln(str.toLowerCase());   //输出 hello
document.writeln(str.toUpperCase()); //输出 HELLO
```

注意：字符串方法常用于考试和情报检索等系统设计。

5.2.4 数学对象 Math

使用 Button 类型的命令按钮来响应客户端的浏览器事件，而响应客户端的浏览器事件的处理方法可用JS来写。

要实现页面的动态效果,需要使用浏览器顶级对象 window 提供的定时器方法。

5.2.5 自定义 JavaScript 对象

前面,我们介绍了 JavaScript 内置对象。我们也可以自定义 JavaScript 对象,其两种创建方式如下:

```
<script>
        //创建 JS 对象的两种方式
        //方式一:较为标准的方式
        var person=new Object();
        //document.writeln(typeof person);  //object
        person.name="John";
        person.age=50;
        //方式二:只包含若干属性时的快速创建
        //var person={firstname:"John", age:50};  //属性名也可以不加引号
        //var person={"firstname":"John", age:50}; //属性名可以加引号
        console.log(person);  //按 F12 键,在 console 控制台显示

        //创建对象的构造函数模式
        function Person(name, age, job) {//有返回值(对象)的方法定义
            this.name=name;  //定义属性
            this.age=age;
            this.job=job;
            this.sayName=function() {//定义方法
                document.writeln("I am "+ this.name);
            }
        }
        var person1=new Person("Wangli", 38, "teacher");  //需要使用 new 运算符
        // var person1=new Person("Wangli",null,null);//可以使用空值类型
        person1.sayName();  //方法调用,输出:I am Wangli
        //创建对象的工厂模式
        function createPerson(name, age, job) {//有返回值(对象)的方法定义
            var obj=new Object();
            obj.name=name;  //定义属性
            obj.age=age;
            obj.job=job;
            obj.sayName=function() {//定义方法
                document.writeln("I am "+this.name);
            }
            return obj;  //返回值
        }
```

```
        var person2=createPerson("Wangli",38, "teacher");
        // var person2=createPerson("Wangli",null,null);//可以使用空值类型
        person2.sayName();  //方法调用,输出:I am Wangli
</script>
```

5.3 浏览器对象

5.3.1 BOM与DOM

对于嵌入网页中的JS来说,其宿主对象就是浏览器提供的对象,所以又称为浏览器对象。浏览器对象模型(browser object model,简称BOM)主要包括window、history、location和document等对象,其中,window对象是整个BOM的顶层核心对象,其他对象所处位置及其关系如图5.3.1所示。

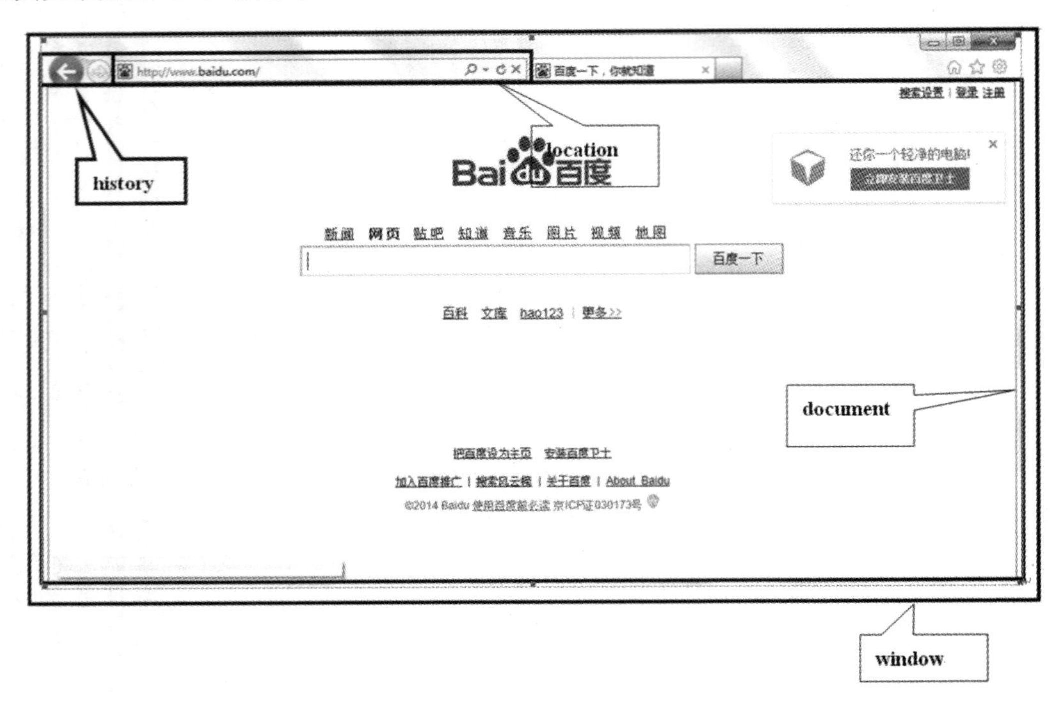

图5.3.1 浏览器对象模型里的主要对象所处位置及其关系

文档对象模型(document object model,简称DOM)是指W3C组织把页面(或文档)的对象组织到一个树形结构中,每个HTML标签是一个元素节点。所以,DOM的核心操作是查看节点、创建和增加节点以及删除和替换节点。

在浏览器对象模型中,顶级对象是window对象,表示浏览器的窗口,提供产生警示消息框方法alert()、客户端是否确认方法confirm()、定时器方法setTimeout()和setInterval()。

在浏览器窗口里,可以包含文档、框架和访问历史记录等对象。几个常用的二级对象

如下：

- document：表示浏览器窗口里的文档，提供了向窗口输出信息的方法 write()。
- location：表示窗口里文档的位置，其属性 href 用于客户端页面跳转。
- navigator：表示浏览器。
- history：表示历史访问记录。

注意：(1) 浏览器对象在 JS 脚本里直接使用，不需要实例化。
(2) 在 JS 脚本里使用浏览器对象时需要小写，这不同于 HTML 标记名称及其属性名称。
(3) 二级对象 document、location、navigator 和 history 是相对于顶级对象 window 而言的。

在一个文档里可以包含超链接、图像和表单等，表单里又可以包含文本框、下拉列表框、提交按钮等，因此，浏览器对象模型具有多级结构。

5.3.2 顶级对象 window 常用属性和方法

window 对象处于浏览器对象模型的第一层，对于每个打开的窗口，系统都会自动将其定义为 window 对象。window 对象的主要属性如下。

- document：表示窗口中当前显示的文档对象。
- history：表示对象保存窗口最近加载的 URL。
- location：表示当前窗口的 URL。

窗口对象提供的常用方法如下：

- alert()：显示一个带有提示信息和确定按钮的警示框，单击“确定”按钮后消失。
- confirm()：显示一个带有提示信息、“确定”按钮和“取消”按钮的确认框，单击“确定”按钮后返回 true，单击“取消”按钮后返回 false，确认框在单击按钮后消失。
- prompt()：显示可提示用户输入的对话框。
- setTimeout()：在设定的毫秒后调用方法或计算表达式。
- setInterval()：按照设定的周期(以毫秒为单位)来重复调用方法或表达式。
- clearInterval()：取消方法 setInterval()设定的定时器。
- close()：关闭浏览器窗口。
- open()：打开一个新的浏览器窗口，加载 URL 指定的文档。

注意：(1) 使用顶级对象 window 的方法时，前面的“window.”可以省略。
(2) 因为执行 alert()方法时，程序暂停在此处，因此，常用 alert()方法进行 JS 程序调试。

方法 alert()用来向用户弹出一个警告，或提示下一步该如何操作。一个使用 alert()的示例代码如下：

```
var age=23;
var name='张丽丽';
window.alert('我是：'+name+'\n'+'年龄是：'+age);
```

方法 prompt()用来创建提示对话框，用户可以在对话框中输入信息，如密码、补充表单输入或者个人信息(昵称或头衔等)。提示对话框中包含一个简单的文本框，用户在提示对话框中输入文本后，文本会作为值返回。prompt()方法有两个参数：第一个参数提示用户应该输入的内容，第二个参数是文本框中显示的初始默认值。如果没有传递第二个参数，文本框中默认显示 undefined。一个使用 prompt()的示例代码如下：

```
var name=window.prompt('请输入昵称：');
window.alert('welcome:'+name);
```

方法 confirm()创建确认对话框，用来确认用户针对某一个问题的答案，必须经过用户同意操作才能完成。一个使用 confirm()的示例代码如下：

```
var flag=window.confirm("确认删除吗?");
if(flag){
  window.alert("执行删除操作");
}else{
  window.alert("取消删除操作");
}
```

方法 open()的返回值是打开的 window 对象。open()方法的第一个参数是新窗口的 URL，第二个参数是给新窗口的命名，第三个参数是设置新窗口的特征。open()方法常见的特征如表 5.3.1 所示。

表 5.3.1　open()方法常见的特征

名　　称	说　　明
height、width	窗口文档显示区的高度、宽度，单位为像素
left、top	窗口的 X 坐标、Y 坐标，单位为像素
toolbar=yes | no | 1 | 0	是否显示浏览器的工具栏，默认是 yes
scrollbars=yes | no | 1 | 0	是否显示滚动条，默认是 yes
location=yes | no | 1 | 0	是否显示地址地段，默认是 yes
status=yes | no | 1 | 0	是否添加状态栏，默认是 yes
menubar=yes | no | 1 | 0	是否显示菜单栏，默认是 yes
resizable=yes | no | 1 | 0	窗口是否可调节尺寸，默认是 yes
titlebar=yes | no | 1 | 0	是否显示标题栏，默认是 yes

制作从天而降的广告页面。打开主页时，广告页面也随之打开。单击主页面“关闭广告页”的链接时，广告页面关闭。

```
<script type="text/javascript">
  var newWin;
  window.onload=function(){
   newWin=open("adv.html","adv","height=500,width=800,
                              location=no,menubar=no,toolbar=0,resizable=no");
}
</script>
<a href="javascript:newWin.close()">关闭广告</a>
```

window 对象有类似闹钟的两个方法：setTimeout()方法和 setInterval()方法。通过这两个方法，开发人员可以通过设定时间来让程序完成指定任务。setTimeout()方法会在指定的时间内执行指定的代码并退出；setInterval()方法会根据设置的时间间隔反复执行指定的代码，直至程序结束或利用 clearInterval()方法取消。

这两个方法的语法相同，都带有两个参数：一个是带引号的程序代码或函数的调用；另一个是以毫秒表示的时间，这个时间代表执行代码的延迟。

```
<script type="text/javascript">
    setTimeout("alert('hello')",2000);   //设定 2 秒后，自动弹出消息框，显示"hello"
</script>
<script type="text/javascript">
    setInterval("alert('hello')",2000);   //每隔 2 秒，反复弹出消息框，直到程序退出
</script>
```

使用 setTimeout()方法或者 setInterval()方法，制作小女孩看书的动画。

```
  var i=1;//保存动画当前播放的静态画面的索引
function change(){
   if(i<4){
   i++;
  }else{
      i=1;//播放到最后一幅时，再从头开始
  }
  document.getElementById("pic").src="images/girl_"+i+".gif";
}
var dh;
function play(){
    dh=setInterval("change()", 100);
}
function stop(){
    clearInterval(dh);  //取消反复执行
}
```

例 5.3.1 实时显示客户端计算机的系统时间。

页面代码如下：

```
<!DOCTYPE>
<meta charset="UTF-8">
<title>客户端计算机的日期和时间的实时显示</title>
计算机系统当前的日期与时间：<span id="dtps"></span>
<script>
    window.onload=function(){
    xssj();
  };
  //试验：屏蔽上一行代码，则时间不会连续变化！
  function xssj(){
    var dt=new Date(); //创建 JS 内置动态对象(类)date 的实例
    dtps.innerHTML=dt.toLocaleString();  //innerText 也可
```

```
    //document.getElementById("dtps").innerHTML=dt.toLocaleString();
    //window对象的定时器方法,单位为毫秒,自己调用自己
    window.setTimeout("xssj()",1000);
  }
</script>
<script>
    //另一种实现方式
    /*window.setInterval("dtps.innerText=new Date().toLocaleString()+
                    '星期'+'日一二三四五六'.charAt(new Date().getDay())",1000);*/
</script>
```

例 5.3.2 使用JS制作的水平弹出式导航菜单。

水平弹出式导航菜单是一维水平菜单的延伸,当鼠标位于某个主菜单项上时,显示相应的子菜单,而鼠标离开主菜单项时,子菜单消失,这通过定义主菜单项的 OnMouseOver 和 OnMouseOut 两个事件处理方法来实现。当鼠标位于栏目 2 的第二个子菜单项上时的页面浏览效果如图 5.3.2 所示。

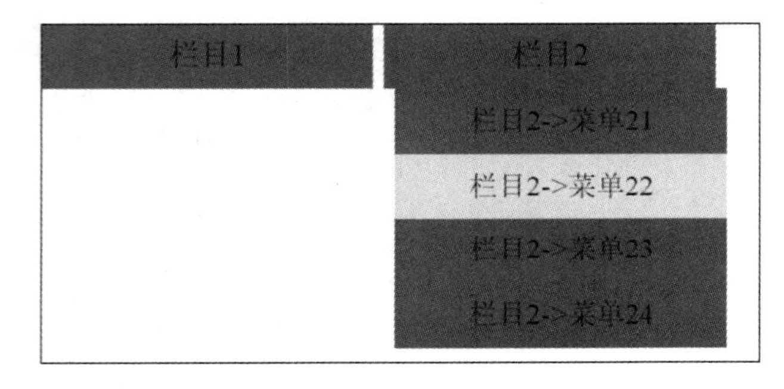

图 5.3.2 当鼠标位于栏目 2 的第二个子菜单项上时的页面浏览效果

页面代码如下:

```
<!DOCTYPE>
<meta charset="UTF-8">
<title>使用JS制作水平弹出式菜单</title>
<style type="text/css">
   *{
      margin:0;
      padding:0;
    }
    .menu{
      position:relative;
      z-index:100;
   }
      .menu ul li{
      font-size:14px; /*设定菜单项文字的大小*/
      list-style:none; /*设定无列表符号*/
```

```
        float:left; /*并排*/
        position:relative;
        width:150px;height:30px;
        background:#FF00FF;  /*主菜单项背景颜色为桃红色*/
        line-height:30px;
        text-align:center;  /*菜单项对齐方式*/
        margin-left:5px;
    }
    .menu ul li a:hover{
        background:#FF0000; /*鼠标位于主菜单项上时背景颜色变为深红色*/
    }
    .menu ul li ul {
        display:none;  /*不显示子菜单*/
    }
    .menu ul li ul li {
        font-size:13px; /*设定子菜单项文字的大小*/
        float:none;  /*取消并排*/
        position:relative;
    }
        .menu ul li a{
        display:block;
        text-decoration:none;
    }
    .menu ul li ul li a:hover{
        border:0;
        border-bottom:1px solid #FFf;
        background-color:#FFFF00; /*鼠标位于子菜单项上时背景颜色变为黄色*/
    }
</style>
<div class="menu">  <!--整个菜单被看作是一个项目列表-->
  <ul>
      <li onMouseOver="displaySubMenu(this)" onMouseOut="hideSubMenu(this)">
        <a href="#">栏目 1</a>
        <ul><li><a href="#">栏目 1->菜单 11</a></li>
        <li><a href="#">栏目 1->菜单 12</a></li>
        <li><a href="#">栏目 1->菜单 13</a></li></ul></li>
      <li onMouseOver="displaySubMenu(this)" onMouseOut="hideSubMenu(this)">
        <a href="#">栏目 2</a>
        <ul><li><a href="#">栏目 2->菜单 21</a></li>
        <li><a href="#">栏目 2->菜单 22</a></li>
        <li><a href="#">栏目 2->菜单 23</a></li>
        <li><a href="#">栏目 2->菜单 24</a></li></ul></li></ul></div>
```

```
〈script〉
  function displaySubMenu(li){
    //获取主菜单项里的列表
  var subMenu=li.getElementsByTagName("ul")[0];
    //在 JS 脚本里改变对象的 CSS 样式属性
  subMenu.style.display="block"; //显示子菜单
  }
  function hideSubMenu(li){
    var subMenu=li.getElementsByTagName("ul")[0];
    subMenu.style.display="none"; //隐藏子菜单
  }
〈/script〉
```

例 5.3.3 制作一组图片循环且首尾相连的滚动效果。

设计思想 在一个 div 内存放两个相同的内容（使用一行多列表格）作为一个滚动对象，并将超出宽度的内容隐藏，在 JS 脚本中定义 div 向左移动的方法（水平坐标加 1）。当第一个内容完全消失（即 div 向左移动的距离达到该 div 的宽度，此时第二个内容完全显示）时，将滚动对象的坐标复位，以开始新一轮的滚动。一组图片循环且首尾相连的滚动效果如图 5.3.3 所示。

图 5.3.3 一组图片循环且首尾相连的滚动效果

页面代码如下：

```
〈!DOCTYPE〉
〈meta charset="utf-8"〉
〈title〉一组图片循环且首尾相连的滚动效果〈/title〉
〈style〉
    #bg{
      width:940px; height:158px;
      margin-left:auto;margin-right:auto;
      background:url(images/精品展示.jpg);
    }
      #sm{/*滚动对象样式*/
      overflow:hidden; /*隐藏 div 中多余的内容，增加图片也会一起滚动*/
      width:920px; height:128px;
      margin:0 auto;
      padding-top:30px;
  }
```

```
</style>
<div id="bg">
    <div id="sm"> <!--滚动 div-->
        <table> <!--外表格 1×2,且第 2 单元格是空的-->
            <tr>
                <td id="Pic1">
                    <table><!--内表格 1×9,存放 9 张图片-->
                        <tr><td><img src="images/1.jpg"/></td>
                            <td><img src="images/2.jpg"/></td>
                            <td><img src="images/3.jpg"/></td>
                            <td><img src="images/4.jpg"/></td>
                            <td><img src="images/5.jpg"/></td>
                            <td><img src="images/6.jpg"/></td>
                            <td><img src="images/7.jpg"/></td>
                            <td><img src="images/8.jpg"/></td>
  <td><img src="images/9.jpg"/></td></tr></table></td>
                <td id="Pic2"></td></tr></table></div></div>
<!--下面的客户端脚本不可放置在页面头部-->
<script>
    Pic2.innerHTML=Pic1.innerHTML;  //复制一组图片,超出部分被隐藏
    function scrolltoleft(){//自定义向左移动方法
  sm.scrollLeft++;  //改变层的水平坐标,实现向左移动
        if(sm.scrollLeft>=Pic1.scrollWidth) //需要复位
  sm.scrollLeft=0;  //层的位置复位,浏览器窗口的宽度是有限的
    }
    var $ar=setInterval(scrolltoleft, 40);   //定时器,方法调用自定义方法
     sm.onmouseover=function(){//以匿名方式定义事件函数
  clearInterval($ ar); //停止滚动
    }
    sm.onmouseout=function(){//以匿名方式定义事件函数
  $ar=setInterval(scrolltoleft, 40); //继续滚动
  }
</script>
```

5.3.3 文档对象 document 与表单的 elements 集合

1. 文档对象 document

整个 html 文档在 DOM 中是一个 document 对象，要在 JS 中访问 DOM 元素，就需要标识 HTML 元素的标识属性。id 和 name 都可以用来标识一个标记，JavaScript 有两个方法 getElementById()和 getElementsByName()来定位 DOM 节点。id 标识的元素的外观由与 id 属性值相同的＃样式决定；在表单提交到服务器端后，为了取得表单域的值，需要使用 name 属性命名表单域(表单元素)。文档对象 document 获取页面元素的方法如下：

- write(exp)：向页面输出表达式 exp 的内容。

- writeIn(exp):向页面输出表达式 exp 的内容,并添加一个空格。
- getElementsByTagName("tagName"):返回文档里指定标签名的对象的集合。
- getElementById():返回使用 id 属性定义的对象。

注意:在 HTML 中,name 属性值定义一组对象,而 id 属性值定义不可重复的对象,这是方法 getElementById()的要求。

2. 表单的 elements 集合

访问上表单元素,除了可以使用上面的通用方法外,还可使用表单的 elements 集合。

elements 集合按照元素在表单里出现的先后顺序,以数组形式返回 form 表单所有的元素,使用格式如下:

```
formObject.elements[i].property    //下标 i 从 0 开始
```

例 5.3.4 在线测试页面设计。

在线测试页面通常使用判断、单选和多选三种题型。实际上,可用两种类型的表单元素实现,即单选按钮和复选框。每一个判断题实质上对应两个具有相同 name 属性值的单选按钮;每一个单选题对应四个具有相同 name 属性值的单选按钮;对于多选题,每题对应五个复选框(不必要求它们具有相同的 name 属性值)。使用 elements[]数组表示方法,便于使用循环结构访问表单元素,从而方便处理表单中的数据。

页面代码如下:

```
<!DOCTYPE>
<title>在线测试(含评分及错误对照)</title>
<meta charset="utf-8">
<style>
    .bt{
        color:#FF0033;
        font-family:"楷体_GB2312";
        font-size:22px;
        font-weight:bold;
    }
    .zl{
        color:#33CCCC;
        font-family:"新宋体";
        font-size:18px;
    }
</style>
<form name="c">
    <span class=bt>一、判断题(每小题 6 分,共 30 分)</span>
    <p>1. 对于客户端的所有页面请求,Web 服务器直接将该文档传送到客户端并由客户端的
                                                                浏览器解释执行。<br>
        <font color="#0000FF">答案:</font>
```

```
    对〈input type="radio" name="pd01" value="A"〉错〈input type="radio" name=
                                                        "pd01" value="B"〉
〈p〉2.所有网页文件及其相关文件(如样式文件、脚本文件等)都是纯文本文件。〈br〉
    〈font color="#0000FF"〉答案:〈/font〉
    对〈input type="radio" name="pd02" value="A"〉错〈input type="radio" name=
                                                        "pd02" value="B"〉
〈p〉3.title属性用于显示页面的标题。〈br〉
    〈font color="#0000FF"〉答案:〈/font〉
    对〈input type="radio" name="pd03" value="A"〉
    错〈input type="radio" name="pd03" value="B"〉
〈p〉4.&lt;a&gt;标记是通过src属性给出链接的目标网页或文件的。〈br〉
    〈font color="#0000FF"〉答案:〈/font〉
    对〈input type="radio" name="pd04" value="A"〉
    错〈input type="radio" name="pd04" value="B"〉
〈p〉5.&lt;img&gt;标记能插入jpg、gif等格式的图片文件,但不能插入swf格式的动画。〈br〉
    〈font color="#0000FF"〉答案:〈/font〉
    对〈input type="radio" name="pd05" value="A"〉
    错〈input type="radio" name="pd05" value="B"〉
〈p〉〈span class="bt"〉二、单项选择题(每小题6分,共30分)〈/span〉
〈p〉6.文本框的宽度可用文本框标签属性(  )设定可见的字符数。〈br〉
    A.width   B.length   C.size   D.height〈br〉
    〈font color="#0000FF"〉答案:〈/font〉
    A〈input type="radio" name="dx12" value="A"〉
    B〈input type="radio" name="dx12" value="B"〉
    C〈input type="radio" name="dx12" value="C"〉
    D〈input type="radio" name="dx12" value="D"〉
〈p〉7.网页的自动定时刷新可通过( )标记实现。〈br〉
    A.meta   B.Refresh   C.http-equiv   D.setInterval〈br〉
    〈font color="#0000FF"〉答案:〈/font〉
    A〈input type="radio" name="dx13" value="A"〉
    B〈input type="radio" name="dx13" value="B"〉
    C〈input type="radio" name="dx13" value="C"〉
    D〈input type="radio" name="dx13" value="D"〉
〈p〉8.下列选项中,(  )不是window对象拥有的方法。〈br〉
    A.alert()   B.setInterval()   C.go()   D.confirm()〈br〉
    〈font color="#0000FF"〉答案:〈/font〉
    A〈input type="radio" name="dx14" value="A"〉
    B〈input type="radio" name="dx14" value="B"〉
    C〈input type="radio" name="dx14" value="C"〉
    D〈input type="radio" name="dx14" value="D"〉
〈p〉9.JavaScript的Date对象的getMonth()方法取值为(  )。〈br〉
    A.1~12   B.0~6   C.0~11   D.1~7〈br〉
```

〈font color="#0000FF"〉答案:〈/font〉

A〈input type="radio" name="dx15" value="A"〉

B〈input type="radio" name="dx15" value="B"〉

C〈input type="radio" name="dx15" value="C"〉

D〈input type="radio" name="dx15" value="D"〉

〈p〉10. 如果 se 是某个下拉列表的 id 属性值,则它的列表项总数可通过( )获得。〈br〉

A.se.size B.se.length C.options.length D.se.height〈br〉

〈font color="#0000FF"〉答案:〈/font〉

A〈input type="radio" name="dx18" value="A"〉

B〈input type="radio" name="dx18" value="B"〉

C〈input type="radio" name="dx18" value="C"〉

D〈input type="radio" name="dx18" value="D"〉

〈p class="bt"〉三、多项选择题(每小题 10 分,共 40 分)

〈p〉11. 下列选项中,不是超链接标签具有的标签属性是:〈br〉

A.width B.src C.href D.class E.type〈br〉

〈font color="#0000FF"〉答案:〈/font〉

A〈input type="checkbox" value="A"〉

B〈input type="checkbox" value="B"〉

C〈input type="checkbox" value="C"〉

D〈input type="checkbox" value="D"〉

E〈input type="checkbox" value="E"〉

〈p〉12. 下列标签中,默认为块级元素的是:〈br〉

A.form B.span C.div D.table E.ul〈br〉

〈font color="#0000FF"〉答案:〈/font〉

A〈input type="checkbox" value="A"〉

B〈input type="checkbox" value="B"〉

C〈input type="checkbox" value="C"〉

D〈input type="checkbox" value="D"〉

E〈input type="checkbox" value="E"〉

〈p〉13. 下列选项中,属于浏览器对象的是:〈br〉

A.window B.Math C.location D.Date E.history〈br〉

〈font color="#0000FF"〉答案:〈/font〉

A〈input type="checkbox" value="A"〉

B〈input type="checkbox" value="B"〉

C〈input type="checkbox" value="C"〉

D〈input type="checkbox" value="D"〉

E〈input type="checkbox" value="E"〉

〈p〉14. 下列选项中,属于 JavaScript 内置对象的是:〈br〉

A.Date B.Time C.String D.Math E.Array〈br〉

〈font color="#0000FF"〉答案:〈/font〉

A〈input type="checkbox" value="A"〉

```
        B<input type="checkbox" value="B">
        C<input type="checkbox" value="C">
        D<input type="checkbox" value="D">
        E<input type="checkbox" value="E">
    <p><input type="button" value="提交答案" onclick="tjpf()">
</form>
<script>
    function tjpf() {//定义提交后评分方法
        var sum=0;        //总分变量 sum
        var p1="B,A,B,B,A";   //5个判断题(对应10个单选按钮)的正确答案
        var t1="";          //考生判断题答题,答题结果记录初始化
        for(i=0; i<5; i++) {//c为表单名称,表示单选题的表单元素序号0～9
            if(c.elements[2*i].checked || c.elements[2*i+1].checked)
                                                        //判断题,每题2个选项
                if(c.elements[2*i].checked)
                    v=c.elements[2*i].value;
                else
                    v=c.elements[2*i+1].value;
            else
                v="0";      //本题没有选择
            //以下记录考生选择
            if(i==0)   //首题
                t1=t1+v;
            else
                t1=t1+','+v;
        }
        for(i=0; i<5; i++) {
            a=p1.substring(i*2, i*2+1);   //正确答案
            b=t1.substring(i*2, i*2+1);   //考生作答
            if(a==b) sum=sum+6;  //每题6分
        }
        var t2="";      // 考生单选题答题
        var p2="C,A,C,C,B";  //5个单选题的正确答案
        for(var i=0; i<5; i++){
            var flag=0;   //假设本题没有作答
            for(var j=0; j<4; j++)   // 每题4个选项
                if(c.elements[10+4*i+j].checked) {
                    flag=1;
                    v=c.elements[10+4*i+j].value;
                    break;   //终止循环,因为是单项选择
                }
            if(!flag) v="0";
```

```
    //以下记录考生选择
    if(i==0)   //首题
        t2=t2+v;
    else
        t2=t2+','+v;
}
for(i=0; i<5; i++){
    a=p2.substring(i*2, i*2+1);   //正确答案
    b=t2.substring(i*2, i*2+1);   //考生作答
    if(a==b) sum=sum+6;  //每题 6 分
}
var p3="BE,ACDE,ACE,ACDE"  //4 个多选题的正确答案
var t3="";      //考生答题串
for(i=0; i<4; i++){
    flag=0; //假设本题没有作答
    v="";  //记录多项
    for(j=0; j<5; j++)   //多选题每题 5 个选项
        if(c.elements[30+5*i+j].checked){
            flag=1;
            v+=c.elements[30+5*i+j].value;   //复选
        }
    if(!flag) v="0";
    //以下记录考生选择
    if(i==0)   //首题
        t3=t3+v;
    else
        t3=t3+','+v;
}
var beginpos1=0;     // 标准答案串,每题答案长度不一!
var beginpos2=0;     // 考生作答串
for(i=0; i<4; i++){
    endpos1=p3.indexOf(",", beginpos1);
    endpos2=t3.indexOf(",", beginpos2);
    if(i==4-1){//最后一题答案分离方法
        a=p3.substring(beginpos1);
        b=t3.substring(beginpos2);
    }
    else {
        a=p3.substring(beginpos1, endpos1);  //标准答案串位于逗号前
        b=t3.substring(beginpos2, endpos2);  //考生答案位于逗号前
    }
    if(a==b) sum=sum+10;  //每题 10 分
```

```
            beginpos1=beginpos1+a.length+1; //下一题的开始位置
            beginpos2=beginpos2+b.length+1;
        }
        document.write("你的成绩为:〈font color='red'〉〈b〉");
        document.write(sum);
        document.write("分〈/b〉〈/font〉,答题信息如下:〈br〉");
        document.write("〈table width='50%' border='1'〉");    //表格定义开始
        document.write("〈tr〉  〈td width=20% 〉题号〈/td〉  〈td width='20%'〉
                                                                     正确答案〈/td〉
〈td width=20%〉你的答案〈/td〉〈/tr〉");
        for(i=0; i〈5; i++){ //输出判断题
            document.write("〈tr〉");  /*下一行输出题号*/
            document.write("〈td〉"); document.write(i+1); document.writeln
                                                                          ("〈/td〉");
            //document.write("〈td〉"+i+1+"〈/td〉");
            a=p1.substring(i*2, i*2+1);    //正确答案
            b=t1.substring(i*2, i*2+1);    //考生作答
            document.write("〈td〉"+a+"〈/td〉");
            if(a==b)
                document.write("〈td〉"+b+"〈/td〉");
            else {
                if(b=="0")
                    document.write("〈td〉 〈/td〉");
                else  //错误答案,红色标记
                    document.write("〈td〉〈font color=red〉"+b+"〈/font〉〈/td〉");
            }
            document.write("〈/tr〉");
        }
        for(i=0; i〈5; i++){//输出单选题
            document.write("〈tr〉");
            document.write("〈td〉"); document.write(i+6); document.writeln
                                                          ("〈/td〉");  //输出单选题号
            a=p2.substring(i*2, i*2+1);
            b=t2.substring(i*2, i*2+1);
            document.write("〈td〉"+a+"〈/td〉");
            if(a==b)
                document.write("〈td〉"+b+"〈/td〉");
            else {
                if(b=="0")
                    document.write("〈td〉 〈/td〉");
                else
                    document.write("〈td〉〈font color='red'〉"+b+"〈/font〉〈/td〉");
            }
```

```
            document.write("</tr>");
        }
        beginpos1=0;     //标准答案串定位变量
        beginpos2=0;     //考生作答串定位变量
        for(i=0; i<4; i++){//输出多选题
            document.write("<tr>");
            document.write("<td>"); document.writeln(i+11); document.writeln
                                                          ("</td>");  //多选题号
            endpos1=p3.indexOf(",", beginpos1);
            endpos2=t3.indexOf(",", beginpos2);
            if(i==3){//最后一项
                a=p3.substring(beginpos1);
                b=t3.substring(beginpos2);
            }
            else {
                a=p3.substring(beginpos1, endpos1);  //标准答案串
                b=t3.substring(beginpos2, endpos2);  //考生作答串
            }
            document.write("<td>"+a+"</td>");
            if(a==b)
                document.write("<td>"+b+"</td>");
            else {
                if(b=="0")
                    document.write("<td> </td>");
                else
                    document.write("<td><font color='red'>"+b+"</font></td>");
            }
            document.writeln("</tr>");
            beginpos1=beginpos1+a.length+1; //下一题的开始位置
            beginpos2=beginpos2+b.length+1;
        }
        document.write("</table>");
    }
</script>
```

在线测试页面浏览效果,如图 5.3.4 所示。

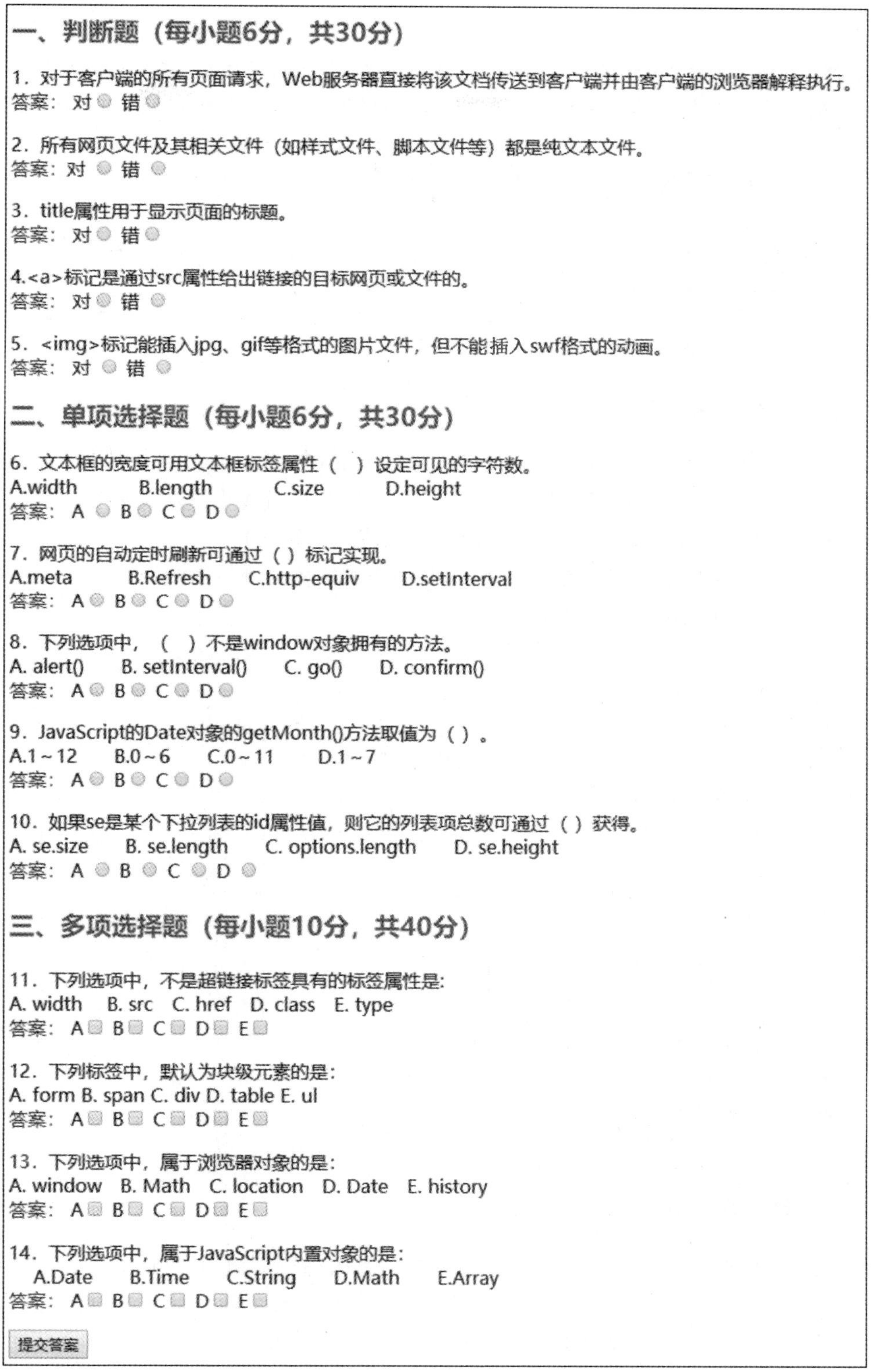

一、判断题（每小题6分，共30分）

1. 对于客户端的所有页面请求，Web服务器直接将该文档传送到客户端并由客户端的浏览器解释执行。
答案：对 ○ 错 ○

2. 所有网页文件及其相关文件（如样式文件、脚本文件等）都是纯文本文件。
答案：对 ○ 错 ○

3. title属性用于显示页面的标题。
答案：对 ○ 错 ○

4. <a>标记是通过src属性给出链接的目标网页或文件的。
答案：对 ○ 错 ○

5. <img>标记能插入jpg、gif等格式的图片文件，但不能插入swf格式的动画。
答案：对 ○ 错 ○

二、单项选择题（每小题6分，共30分）

6. 文本框的宽度可用文本框标签属性（　）设定可见的字符数。
A.width　B.length　C.size　D.height
答案：A ○ B ○ C ○ D ○

7. 网页的自动定时刷新可通过（ ）标记实现。
A.meta　B.Refresh　C.http-equiv　D.setInterval
答案：A ○ B ○ C ○ D ○

8. 下列选项中，（　）不是window对象拥有的方法。
A. alert()　B. setInterval()　C. go()　D. confirm()
答案：A ○ B ○ C ○ D ○

9. JavaScript的Date对象的getMonth()方法取值为（ ）。
A.1～12　B.0～6　C.0～11　D.1～7
答案：A ○ B ○ C ○ D ○

10. 如果se是某个下拉列表的id属性值，则它的列表项总数可通过（ ）获得。
A. se.size　B. se.length　C. options.length　D. se.height
答案：A ○ B ○ C ○ D ○

三、多项选择题（每小题10分，共40分）

11. 下列选项中，不是超链接标签具有的标签属性是:
A. width　B. src　C. href　D. class　E. type
答案：A □ B □ C □ D □ E □

12. 下列标签中，默认为块级元素的是:
A. form B. span C. div D. table E. ul
答案：A □ B □ C □ D □ E □

13. 下列选项中，属于浏览器对象的是:
A. window　B. Math　C. location　D. Date　E. history
答案：A □ B □ C □ D □ E □

14. 下列选项中，属于JavaScript内置对象的是:
A.Date　B.Time　C.String　D.Math　E.Array
答案：A □ B □ C □ D □ E □

[提交答案]

图 5.3.4　在线测试页面浏览效果

注意：(1) 在页面的最后还需定义一个命令按钮的 OnClick 事件，处理代码在客户端 JS 脚本内。

(2) 在 JS 脚本中获取考生的作答，实质上访问表单内单选按钮和复选框的 checked 属性，它是评分的依据。

(3) 每大题的标准答案在一个字符串中，将考生答案字符串与标准答案字符串比较的过程，就是评分过程。

(4) 考生单击表单最后的“提交答案”命令按钮，则执行 JS 脚本内的函数 tjpf()并输出考试成绩。

(5) 为方便考生练习，将考生答案与标准答案以表格形式对照输出。

5.3.4 位置对象 location

location 对象用于管理当前打开窗口的 URL 信息，相当于浏览器的地址栏。location 对象通过 window 的 location 获取属性。location 对象的常用属性和方法如下：

- href 属性用于获取或重新设置网页地址(实现网页跳转)；
- reload()方法用于重新加载当前页面，相当于浏览器的刷新按钮。

使用 location 对象的一个示例代码如下：

```
<script>
  function changeURL(){
      //获取选择的列表项的值
      var url=document.getElementById("sel").value;
      //设置当前浏览器窗口的地址栏 url
      window.location.href=url;
  }
<script>
......
<select id="sel" onchange="changeURL()">
   <option value="http://www.baidu.com">百度</option>
   <option value="http://www.163.com">网易</option>
   <option value="http://www.taobao.com">淘宝</option>
   <option value="http://www.sina.com">新浪</option>
</select>
```


5.3.5 历史对象 history

history 对象是 window 对象的一个属性，表示当前浏览器窗口打开文档的一个历史记录列表。使用 history 对象，可以将当前浏览器页面跳转到某个曾经打开过的页面。history 对象除了具有 length 属性(表示浏览器历史列表中的 URL 数量)外，还具有如下三个方法：

- back()：后退到前一个页面，相当于在浏览器里按后退按钮。
- forward()：前进一个页面，相当于在浏览器里按前进按钮。
- go()：跳转至指定位置的页面，以整数为参数。

注意：代码 history.back 与 history.go(-1)等效。

5.3.6 导航对象 navigator

navigator 是 window 对象的一个属性，具有如下属性：

- appName：表示浏览器的名称。
- appVersion：表示浏览器的版本。

例 5.3.5 使用第三方提供的 JS 脚本，制作图片新闻（在同一位置循环显示）。页面代码如下：

```
<!DOCTYPE>
<meta charset="utf-8">
<title>使用第三方提供的 JS 脚本,制作图片新闻</title>
<style type="text/css">
  #banner{
    position:relative;
    width:478px; height:286px;
    border:1px solid #666;
    overflow:hidden; /*隐藏溢出部分*/
  }
  #banner_info{/*参数 4*/
    position:absolute;
    bottom:0; left:5px;
    line-height:30px;
    color:#FFf;
    z-index:1001; /*堆叠顺序序值小*/
  }
  #banner ul{
    position:absolute;list-style-type:none;
    filter:Alpha(Opacity=75);  /*滤镜样式,设置不透明度*/
    border:1px solid #FFf;
    z-index:1002;  /*堆叠顺序序值大*/
    margin:0; padding:0; bottom:3px; right:5px;}
  #banner ul li{
    padding:0px 8px;float:left;
    display:block;
    color:#FFF;border:#FFf 1px solid;
    background-color:#6f4f67; cursor:pointer;
  }
```

```
    #banner ul li.on{
      background-color:#900; /*改变序号背景,表示当前图片序号*/
    }
    #banner_list a{/*不可去掉*/
      position:absolute;
    }
</style>
<script type="text/javascript" src="js/babyzone.js"></script>
<script>
      window.onload=function(){
              //调用第三方提供的 JS 脚本里定义的对象及其方法,第一参数为图片数量
    babyzone.scroll(5, "banner_list", "list", "banner_info"); //本方法含四个参数
      }
</script>
<div id="banner">
    <div id="banner_list"> <!--第二参数为 div 名,其内包含若干个图像链接-->
    <a href="#"><img src="images/p1.jpg" width=478 height=286/></a>
    <a href="#"><img src="images/p2.jpg" width=478 height=286/></a>
        <a href="#"><img src="images/p3.jpg" width=478 height=286/></a>
        <a href="#"><img src="images/p4.jpg" width=478 height=286/></a>
        <a href="#"><img src="images/p5.jpg" width=478 height=286/></a></div>
    <ul id="list"></ul> <!--图片序号,项目列表对象标识为第三参数-->
    <a href="#" id="banner_info"></a>  <!--超链接对象标识为第四参数-->
</div>
```

页面浏览效果,如图 5.3.5 所示。

图 5.3.5　页面浏览效果

5.4 综合项目:会员管理信息系统 memmana2a

与第 4.4 节介绍的项目 memmana1 相比,项目 memmana2a 使用 JS 脚本实现了页面头部的时间和登录状态的实时显示,模拟了用户登录与注册功能。

1. 页面头部的实时时间显示

分部页 header.html 通过引入 JS 脚本并调用 window 对象的定时器方法实时显示当前时间,效果如图 5.4.1 所示。

2018/12/12 下午7:54:25　会员管理信息系统　尚未登录!

站点主页　会员登录　会员注册　会员登出

图 5.4.1　项目主页头部浏览效果

header.html 的代码如下:

```
<link rel="stylesheet" href="../css/header.css">
<meta charset="utf-8"/>
<div class="top">
    <div class="row1">
        <!--第一行-->
        <div class="row11"><span id="dtps">date and time</span></div>
        <div class="row12">会员管理信息系统</div>
        <div class="row13"><span id="state">尚未登录! </span></div>
    </div>
    <div class="row2">
        <ul>
          <li><a href="../index.html" target="_blank">站点主页</a></li>
          <li><a href="../mLogin.html" target="_blank">会员登录</a></li>
          <li><a href="../mRegister.html" target="_blank">会员注册</a></li>
          <li><a href="../index.html" onClick="return confirm
                          ('确实要退出会员登录吗? ')" target="_blank">会员登出</a></li>
        </ul>
    </div>
</div>
<script>
    var dtps=document.getElementById("dtps");  //获取 DOM 对象
    setInterval("dtps.innerHTML=new Date().toLocaleString()");  //实时时间显示
    //window.setInterval("dtps.innerHTML=new Date().toLocaleString()","1000");
</script>
```

> **说明**：本页面的 JS 脚本中，获取 DOM 对象后更换其属性，属于 JavaScript 原生开发，不同于第 5.5 节使用 jQuery 开发的项目 memmana2b。

2. 站点主页设计

站点主页 index. html 与项目 memmana1 的站点主页基本相同，只是主页嵌入的分部页 header. html 实现了时间的实时显示。站点主页浏览效果，如图 5.4.2 所示。

2019年1月1日 下午5:35:00　会员管理信息系统　尚未登录！

站点主页　会员登录　会员注册　会员登出

技术文档

1.使用VS Code和WAMP
2.使用HTML标签组织页面内容
3.使用CSS样式修饰页面元素
4.网页布局
5.使用客户端脚本实现页面的交互效果或动态效果
6.HTML 5
7.其它常用Web前端框架（如响应式框架Bootstrap和 模块化框架LayUI等）实现快速开发

课程学习指导

- 前5章分别包括开发环境、HTML、CSS、布局和JavaScript，是本课程的基本内容，HTML5（第6章）和Web开发框架（第7章）是扩展内容。
- 站点里的页面效果需要使用浏览器来测试，使用WAMP的托盘，可以高效地进行调试。
- 浏览器窗口打开后，按F12 键可以进行调试，如查看页面元素、文件加载等。
- 由于浏览器具有缓存功能，因此，调试页面时， 有时需要清理缓存（360浏览器菜单里是清除上网痕迹）。
- VS Code是一款非常优秀的代码编辑器，方便使用基于Node.js的开发。
- HBuilder也是一款非常优秀的代码编辑器，在即时运行方面有良好的表现。
- CSS样式用于控制页面元素的外观和页面布局，是难点内容。
- 使用JavaScript开发客户端脚本，效率较低，一般使用其封装了的脚本库jQuery。

技术支持：　版权所有：WUSTWZX，2018

图 5.4.2　站点主页浏览效果

3. 会员登录页面设计

会员登录页面 mLogin. html 在输入正确的会员名称及密码后，在页面右上方将显示欢迎信息，如图 5.4.3 所示。

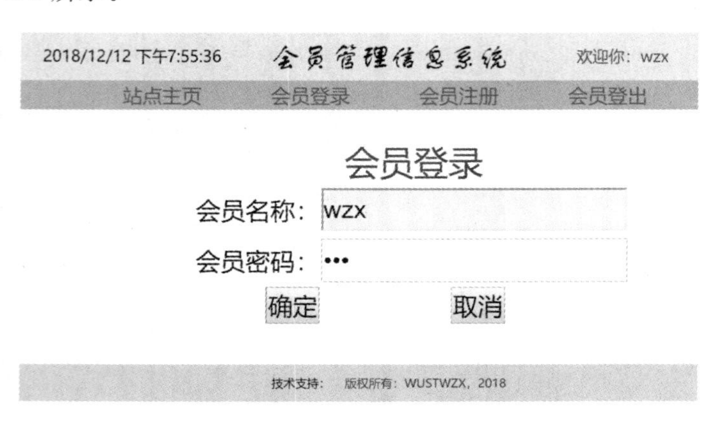

图 5.4.3　登录成功效果

会员登录页面 mLogin.html 的代码如下：

```
<!DOCTYPE>
<html>
    <head>
        <meta http-equiv="Content-Type" content="text/html; charset=UTF-8">
        <title>会员登录</title>
        <link rel="stylesheet" href="css/header.css">
        <style>
          form{
                margin-left:200px;
          }
          tr{
                font-size:25px;
                line-height:50px;
          }
          input{
                /*作用于表单输入元素，即文本框、下拉列表和按钮等*/
                font-size:25px;
                line-height:40px;
          }
        </style>
    </head>
    <body>
    <!--未使用-->
    <div class="top">
        <div class="row1">
          <!--第一行-->
          <div class="row11"><span id="dtps">date and time</span></div>
          <div class="row12">会员管理信息系统</div>
          <div class="row13"><span id="loginState">尚未登录！</span></div>
    </div>
    <div class="row2">
          <!--第二行-->
          <ul>
              <li><a href="index.html" target="_blank">站点主页</a></li>
              <li><a href="mLogin.html" target="_blank">会员登录</a></li>
              <li><a href="mRegister.html" target="_blank">会员注册</a></li>
              <li><a href="index.html" onClick="return confirm
                          ('确实要退出会员登录吗？')" target="_blank">会员登出</a></li>
          </ul>
        </div>
    </div>
```

```
<!--主页主体内容-->
<div style="width:800px;height:200px;margin:30px auto;">
    <form action="#" method="post" name="form1">
      <table width="450" border="0" id="bg">
      <caption style="line-height:45px;font-size:35px;color:red">
                                                    会员登录</caption>
      <tr>
        <td align="right">会员名称:</td>
        <td><input type="text" id="username"></td></tr>
      <tr>
        <td align="right">会员密码:</td>
        <td><input type="password" id="password"></td></tr>
      <tr>
        <td align="right">
          <input type="button"value="确定" onclick="process()"/></td>
        <td align="center">
          <input type="button"value="取消"
                                  onclick="cancelLogin()"/></td></tr>
      </table>
    </form>
  </div>
  <iframe src="publicView/footer.html" width="100%" height="38" frameborder=
                                            "0" scrolling="no"></iframe>
  </body>
</html>
<script>
    var dtps=document.getElementById("dtps");
    console.log(dtps); //控制台调试输出
    setInterval("dtps.innerHTML=new Date().toLocaleString()","1000");
    var users=[
      ["wzx", "123"],
      ["wyh", "456"]
    ]; //二维数组即数组中的每个元素是一个数组,初始化两个用户
    users.push(["wj", "789"]); //追加一个用户信息
    function process(){
      var un=form1.username.value;  //元素唯一且使用id时,可省略表单名
      var pwd=password.value; //获取密码框的输入值
      for(i=0; i<users.length; i++){
        if(users[i][0]==un) break;
      }
      if(i<users.length) { //用户名存在时
        if(users[i][1]==pwd) { //密码也正确时
          alert("登录成功");
```

```
            var loginState=document.getElementById("loginState");
            console.log(loginState);
            loginState.innerHTML="欢迎你:"+un; //状态栏局部刷新
          } else {
            alert("密码错误...");
          }
        } else {
          alert("用户名不存在...");
        }
    }
    function cancelLogin(){
        location.href="index.html"; //返回主页
    }
</script>
```

注意:(1) 因为会员登录页面的JS要修改元素的值,所以不能使用<iframe>标签,否则不能获取对象。动态网页开发时,可使用文件包含指令。

(2) 提交的表单元素值唯一时,相应的标签一般使用id属性,否则使用name属性。

(3) 本页面的JS脚本里,使用二维数组保存了可登录成功的用户信息。实现项目开发时,用户信息保存在数据库里,属于动态网页开发。

(4) 动态网页开发时,表单提交使用submit类型的提交按钮,而不是使用button类型的按钮。

4. 会员注册页面设计

会员注册页面使用标签<iframe>引入头部和底部两个分部视图(不同于登录页面),主体是一个表单,内嵌一个表格来布局多种类型的表单元素。会员注册页面浏览效果,如图5.4.4所示。

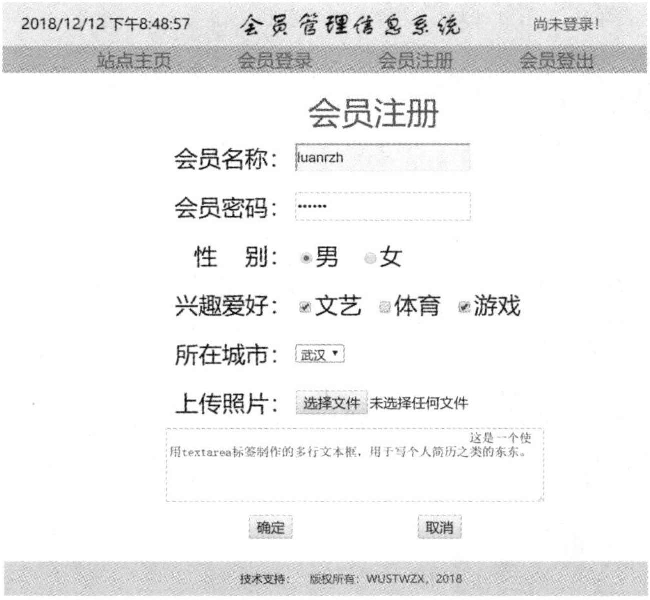

图5.4.4　会员注册页面浏览效果

单击“确定”按钮后，显示用户的主要注册信息，如图 5.4.5 所示。

localhost 显示

亲爱的luanrzh先生：密码是123456；爱好是ah01ah03；所在城市代码是027；

确定

图 5.4.5　显示用户的主要注册信息

会员注册页面 mRegister.html 的代码如下：

```
<!DOCTYPE>
<!DOCTYPE>
<html>
<head>
  <meta http-equiv="Content-Type" content="text/html; charset=UTF-8">
  <title>会员注册</title>
  <style>
    form{
      margin-left:200px;
    }
    tr{
      font-size:25px;
      line-height:50px;
    }
    input{
      /*作用于表单输入元素，即文本框、下拉列表和按钮等*/
      font-size:15px;
      line-height:25px;
    }
  </style>
</head>
<body>
  <iframe src="publicView/header.html" width="100%" height="80" frameborder="0"
                                                      scrolling="no"></iframe>
  <!--主页主体内容-->
  <div style="width:800px;height:500px;margin:20px auto;">
    <form method="post" name="bd">
      <table width="450" border="0">
        <caption style="line-height:45px;font-size:35px;color:red">
                                                          会员注册</caption>
        <tr>
```

```
    <td align="right">会员名称:</td>
    <td><input type="text" id="username" ></td></tr>
  <tr>
    <td align="right">会员密码:</td>
    <td><input type="password" id="password"></td></tr>
  <tr>
    <td align="right">性     别:</td>
    <!--为实现单选,单选按钮组的 name 属性必须指定且相同-->
    <td><input type="radio" name="sex" checked value="1">男   
      <input type="radio" name="sex" value="0">女</td></tr>
  <tr>
    <td align="right">兴趣爱好:</td>
    <!--复选按钮组的 name 属性可以不指定,但为了程序获取方便,通常指
                                                            定且相同-->
    <td><input type="checkbox" value="ah01" name="ah">文艺  
      <input type="checkbox" value="ah02" name="ah">体育  
      <input type="checkbox" value="ah03" name="ah">游戏  
                                                            </td></tr>
  <tr>
    <td align="right">所在城市:</td>
    <td><select name="city" id="city">
      <option value='010'>北京</option>
      <option value='020'>上海</option>
      <option value='027'>武汉</option></td></tr>
  <tr>
    <td align="right">上传照片:</td>
      <td><input type="file" id="photo"></td></tr>
  <tr>
    <td colspan="2"><textarea id="jl" cols="60" rows="5">
        这是一个使用 textarea 标签制作的多行文本框,用于写个人简历之类
                                        的东东。</textarea></td></tr>

  <tr height="50">
      <td align="right"><input type="button"value="确定"
                                                onclick="sure()"/></td>
      <td align="center"><input type="button"value="取消"
                                      onclick="cancel()"/></td></tr></table>
  </form>
 </div>
 <iframe src="publicView/footer.html" width="100%" height="38" frameborder="0"
                                                 scrolling="no"></iframe>
</body>
```

```
</html>
<script>
    function sure(){
        //通过"表单名称.元素名"方式获取文本框的值(文本框仅以 name 方式命名)
        //当文本框使用 id 命名时,可省略表单名称
        var result="亲爱的"+bd.username.value;
        //-------处理单选按钮组-----------
        var sexRadio=document.getElementsByName("sex");  //获取相关元素数组
        for(var i=0;i<sexRadio.length;i++){
          if(sexRadio[i].checked){//选中
            var jg=i;
            break;
          }
      }
      console.log(sexRadio[jg]);console.log(sexRadio[jg].value); //测试
      if(sexRadio[jg].value==1){//"1"也 ok
          result+ ="先生:";
      }else{
          result+ ="女士:";
      }
      result+ ="密码是"+bd.password.value+";";//通过表单名称获取密码框的值
      //--------处理复选框----------
      var ahCheckbox=document.getElementsByName("ah");
      ah="";
      for(var i=0;i<ahCheckbox.length;i++){
          if(ahCheckbox[i].checked){
              ah+ =ahCheckbox[i].value;
          }
      }
      if(ah.length>0){
          result+ ="爱好是"+ah+";";
      }else{
          result+ ="没有选择爱好;";
      }
      //---------获取下拉列表取值---------
       result+ ="所在城市代码是"+city.value+";";
      //输出选择结果
    alert(result);
  }
  function cancel(){
  location.href="index.html";
  }
</script>
```

注意：本页面演示了使用JS获取不同表单元素提交值的方法。

5.5 jQuery

为了简化JavaScript的开发，一些用于前台设计的JavaScript库诞生了。jQuery是当前比较流行的JavaScript脚本库，封装了很多预定义的对象和实用函数，使用户能更方便地处理HTML文档、事件、动画以及AJAX交互等，并且兼容各大浏览器。

注意：(1) 访问jQuery的官方网站http://jquery.com，可以下载jQuery的各种版本，其中文件名中带"min"的，表示此版本为压缩版本。

(2) 用户开发的JS脚本只定义了方法，而jQuery则不然(是基于对象的)。

5.5.1 jQuery使用基础

对于一个DOM对象，只需要用方法$()把DOM对象包装起来，就可以获得一个jQuery对象，即jQuery对象就是通过jQuery包装DOM对象后产生的对象。转换后的jQuery对象，可以使用jQuery中的方法。

文档加载完毕后，默认要执行的代码(如初始化等)通常使用匿名函数的形式，其代码框架如下：

```
$(document).ready(function(){
  alert("开始了");
//其他进行初始化的代码
    });
```

注意：(1) $(document)的作用是将DOM对象转换为jQuery对象，注册事件函数ready()以一个匿名方法作为参数。

(2) jQuery事件与DOM事件的名称存在差别。例如，单击事件在jQuery里使用click，而在DOM里使用OnClick。

(3) jQuery对象的属性要使用jQuery方法attr()获取或更改。

(4) jQuery对象也可以转换成DOM对象，其方法是把jQuery对象看作一个数组，通过索引[index]或get(index)方法来获得DOM对象。

通常情况下，我们可以使用如下三种方法获取jQuery对象：

- 根据标记名：$("label")，其中，label为HTML标记。例如，选择文档中的所有段落时用p。
- 根据ID：$("#id")，例如，div的id。
- 根据类：$(".name")，其中，name为样式名。

注意：在有些情形下，只需要给特定的页面元素增加行为，而不需要应用样式，此时可用一个并不存在的 id 样式名作为 id 属性值（即虚拟一个样式）。

jQuery 为 jQuery 对象预定义了很多方法，其常用方法如表 5.5.1 所示。

表 5.5.1 jQuery 提供的常用方法

方法名	功能描述
val([val])	设置/获取表单元素的 value 值
html([text])	设置/获取某个元素的 HTML 内容
text([text])	设置/获取某个元素的文本内容
css("key"[,val])	获取/设置 CSS 属性(值)
toggleClass("css")	切换到新样式 css 方法
addClass("name")	增加新 CSS 样式的应用，参数 name 为样式名
removeClass("name")	取消应用的 CSS 样式，参数 name 为样式名
parent()	选择特定元素的父元素
next()	选择特定元素的下一个最近的同胞元素
siblings()	选择特定元素的所有同胞元素
hide("slow")	隐藏（慢慢消失）文字，且不保留物理位置
show()	不带效果方式显示，会自动记录该元素原来的 display 属性值
slideToggle(mm)	使用滑动效果（高度变化）来切换元素的可见状态。如果被选元素是可见的，则隐藏这些元素；如果被选元素是隐藏的，则显示这些元素。其中，变换时间以毫秒为单位
next(["css"])	获得页面所有元素集合中具有 css 样式且最近的同胞元素；省略参数时，获得某个元素集合中的下一个元素
siblings(["css"])	查找同胞元素（不包括本身）中应用了 css 样式的元素，形成一个子集
find("css")	查找某个元素集合中应用了 css 样式的元素，得到它的一个子集
slideUp(["mm"])	向上滑动来隐藏元素，可选参数 mm 取值为"slow""fast"或毫秒
attr("attrName",attrValue)	设置属性值

注意：jQuery 除了提供前台方法外，还有用于实现 Web 服务器端与客户端进行异步通信的 Ajax 方法，详见第 5.6 节。

例 5.5.1 以交互方式显示一组图片。

将五幅图片存放在一个 JavaScript 数组里，定义分别用于上翻和后翻的两个 Button 按钮。鼠标分别处于第一、三、五幅图片上时页面的浏览效果，如图 5.5.1 所示。

图 5.5.1　鼠标分别处于第一、三、五幅图片上时页面的浏览效果

页面代码如下：

```
<!DOCTYPE>
<meta charset="utf-8">
<title>以交互方式显示一组图片</title>
<script type="text/javascript" src="js/jquery-1.3.2.js"></script>
<style>
  #big{
    width:300px; height:200px;
    margin:30px auto;   /*水平居中*/
  }
  #row1{width:300px; height:170px;}
  #row2{width:300px; height:30px; line-height:30px;text-align:center;}
  #msg1{color:orange;}
  #msg2{color:red;}
</style>
<div id="big">
  <div id="row1"><img src="images/p1.jpg" width="300" height="170" id="tpk">
                                                                         </div>
  <div id="row2">
    <input type="button" value="上一幅" id="rf">
    共有<span id="msg1"></span>幅   当前序号:<label id="msg2"></label>
    <input type="button" value="下一幅" id="ff"></div>
</div>
<script>
   //注册页面加载就绪事件函数
  $(document).ready(function(){
    /*var tp=new Array(5);
    tp[0]="images/p1.jpg";  //规定:数组下标从 0 开始
    tp[1]="images/p2.jpg";tp[2]="images/p3.jpg";
    tp[3]="images/p4.jpg";tp[4]="images/p5.jpg";*/
    //与上面几行代码等效
    var tp=["images/p1.jpg","images/p2.jpg","images/p3.jpg","images/p4.jpg",
                                                              "images/p5.jpg"];
    var next=$("#FF");  //下一幅按钮
```

```
    var last=$("#rf");  //上一幅按钮
    //初始化,表示处于第1张图片(对应于数组的下标0)
    var index=0;
    $("#msg1").html(tp.length);  //局部刷新文本
    //document.getElementById("msg1").innerText=tp.length;  //JS用法
    if(tp.length==1){//设置不可用
      next.attr("disabled", true);
      last.attr("disabled", true);
    }
    setButtonState();
    //定义按钮是否可用和当前序号的公共函数
    function setButtonState(){
      //index==0?last.attr("disabled", true):last.attr("disabled",false);
                                                                //是否可用
      //index==0?last.css("visibility", "hidden"):last.css
                                          ("visibility","visible");  //是否隐藏
      index==0?last.css("display", "none"):last.css("display","inline");
                                                              //设置是否可见
      index==tp.length-1?next.attr("disabled", true):next.removeAttr
                                                  ("disabled");  //设置可用
      //index==tp.length-1?next.css("visibility", "hidden"):next.css
                                                  ("visibility","visible");
      //index==tp.length-1?next.css("display", "none"):next.css
                                                      ("display","inline");
      $("#msg2").html(index+1);  //局部刷新文本
      //document.getElementById("msg2").innerText=index+1;
    }
    next.click(function(){//注册按钮事件函数
      index++;
      tpk.src=tp[index];
      setButtonState();
    });
    last.click(function(){//注册按钮事件函数
      index--;
      tpk.src=tp[index];  //标签属性,不同于jQuery对象属性操作
      setButtonState();
    });
  });
</script>
```

例 5.5.2 使用 jQuery 制作折叠菜单。

每个菜单使用一个<div>标签,分别对应一个<ul>列表。当展开或收起某个菜单时,其他菜单的子菜单项都将收起,如图 5.5.2 所示。

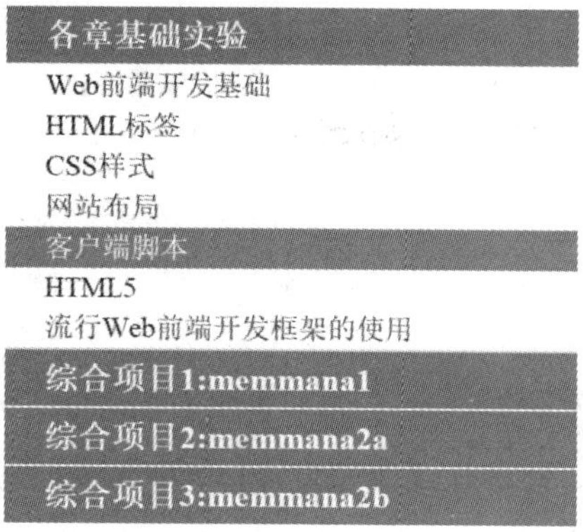

各章基础实验
Web前端开发基础
HTML标签
CSS样式
网站布局
客户端脚本
HTML5
流行Web前端开发框架的使用
综合项目1:memmana1
综合项目2:memmana2a
综合项目3:memmana2b

图 5.5.2　使用 jQuery 制作的折叠菜单效果

页面代码如下：

```
<!DOCTYPE>
<meta charset="UTF-8">
<title>使用 jQuery 制作折叠菜单</title>
<script type="text/javascript" src="js/jquery-3.3.1.js"></script>
<style type="text/css">
  *{margin:0;padding:0;box-sizing:border-box;}
  #navBox{
      width:280px;
  }
  .subNav{/*主菜单外观:蓝底白字*/
      border-bottom:solid 1px #FFf;
      cursor:pointer;  /*手形*/
      font-weight:bold;
      line-height:28px;
      padding-left:20px;
      background:#4991DE;
      color:#FFFFFF;
  }
  .subNav:hover{
      color:#FF6600;
  }

  .navContent{/*菜单项外观:蓝底白字*/
      display:none;
      border-bottom:solid 1px #e5e3da;
  }
  .navContent li a{
      display:block;  /*关键*/
```

```
        text-decoration:none;
        padding-left:20px;
        line-height:20px;
        font-size:14px;
    }
    .navContent li a:hover{
        color:#FFf;  /*白色*/
        background-color:#FF6600   /*橙色*/
    }
</style>
<script type="text/javascript">
    $(document).ready(function(){
        $(".subNav").click(function(){//单击主菜单
            var temp=$(this).next();  //获取对应的次级菜单
            temp.slideToggle(500);  //卷起或展开
            //卷起当前主菜单的其他兄弟菜单
            temp.siblings(".navContent").slideUp("fast");
        })
    })
</script>
<div id="navBox">
    <div class="subNav">各章基础实验</div>
    <ul class="navContent" style="display:block">  <!--显示列表项-->
        <li><a href="#">Web前端开发基础</a></li>
        <li><a href="#">HTML标签</a></li>
        <li><a href="#">CSS样式</a></li>
        <li><a href="#">网站布局</a></li>
        <li><a href="#">客户端脚本</a></li>
        <li><a href="#">HTML5</a></li>
        <li><a href="#">流行Web前端开发框架的使用</a></li></ul>
    <div class="subNav">综合项目1:memmana1</div>
    <ul class="navContent">
        <li><a href="#">设计说明</a></li>
        <li><a href="#">效果浏览</a></li>
        <li><a href="#">源代码下载</a></li></ul>
    <div class="subNav">综合项目2:memmana2a</div>
    <ul class="navContent">
        <li><a href="#">设计说明</a></li>
        <li><a href="#">效果浏览</a></li>
        <li><a href="#">源代码下载</a></li></ul>
    <div class="subNav">综合项目3:memmana2b</div>
    <ul class="navContent">
        <li><a href="#">设计说明</a></li>
```

```
    <li><a href="#">效果浏览</a></li>
    <li><a href="#">源代码下载</a></li></ul></div></div>
```

注意：(1) 定义.subNav{…}时，设置属性 cursor:pointer，是为标签<div>增加手形，提示可以单击。(2) 定义.navContent li a{…}时，若不设置属性 display:block，则列表项背景宽度变窄。

例 5.5.3 遮罩效果。

用户登录(注册)时，弹出一个登录(注册)框，而不是新开窗口。登录(注册)完毕后，遮罩和登录(注册)框恢复隐藏。

弹出登录框时，使用透明遮罩使之无法进行原界面操作，而登录框背景不能透明，如图 5.5.3所示。

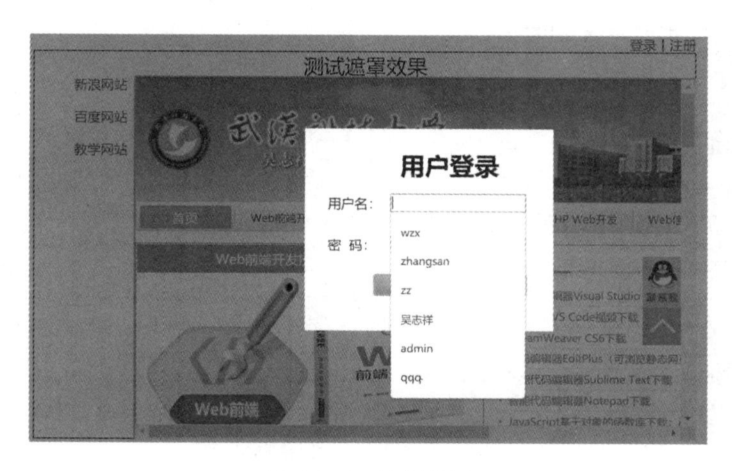

图 5.5.3 遮罩效果

页面代码如下：

```
<!! DOCTYPE>
<meta charset="UTF-8">
<title>页面遮罩效果示例</title>
<script type="text/javascript" src="js/jquery-1.3.2.js"></script>
<style>
    *{
        margin:0;
    box-sizing:border-box;
    }
    #big{
        width:800px;height:500px;
        margin:0 auto;
    }
    #state{
        width:800px;height:20px;
        line-height:20px;
```

```
        text-align:right;
    }
    #main{
        width:800px;height:480px;
        border:1px solid;text-align:center;
    }
    #top{
        width:800px;height:30px;
        font-size:25px;
        text-align:center;
    }
    #below{
        width:800px;height:450px;
    }
    #left{
        width:120px;height:450px;
        float:left;
        /*padding-top:60px;
        border-right:1px dashed #000;*/
    }
    #right{
        width:680px;height:450px;
        float:left;
    }
    #cover{ /*遮罩 div 样式*/
        position:absolute;   /*绝对定位*/
        top:0px;left:0px;
        width:100% ; height:100% ;   /*全屏*/
        /*前 3 个参数是色彩代码,第 4 个参数是 opacity 值;透明背景色*/
        background:rgba(0,0,0,0.5);   /*关键:可屏蔽此样式而使用下面的样式进行测试*/
        /*遮罩若使用透明样式,则登录框会继承父元素的这一特性*/
        /*background:# 000; opacity:0.5;*/
        display:none;   /*初始时不显示*/
    }
        #log,#reg{ /*遮罩内的登录框和注册框*/
        width:300px;height:250px;
        background:#FFF; /*白底*/
        position:absolute;
        top:15% ;left:45%;
        padding:25px;
    }
    a{
        text-decoration:none;
```

```
    }
    a:hover {
        color:#cd0000;
    }
    li{
        list-style-type:none;
        height:40px;
    }
    tr{
        height:50px;
    }
    caption{font-size:30px;
        font-weight:bold;  /*文字加粗*/
    }
</style>
<div id="big">
    <div id="state"><a id="login" href="#">登录</a> | <a id="register" href=
                                                            "#">注册</a></div>
    <div id="main">
        <div id="top">测试遮罩效果</div>
        <div id="below">
          <div id="left">
            <ul>
                <li><a href="http://www.sina.com.cn/" target="kj">新浪网站</a></li>
                <li><a href="http://www.baidu.com/" target="kj">百度网站</a></li>
                <li><a href="http://www.wustwzx.com/" target="kj">教学网站</a>
                                                            </li></ul></div>
            <div id="right"><iframe name="kj" width="680" height="450"></iframe>
                                                      </div></div></div></div>
<div id="cover"><!--遮罩默认不显示-->
    <div id="log"><!--登录框含于遮罩里-->
        <table border="0" width="300">
          <caption>用户登录</caption>
          <tr><td width="25%">用户名:</td><td width="75%"><input type=
                              "text" name="username" maxlength="18"></td></tr>
          <tr><td width="25%">密   码:</td><td width="75%">
              <input id="pass" maxlength="20" type="password" name="pass"></td></tr>
          <tr><td colspan="2" align="center"><img src="images/ensure.jpg">
                  <img src="images/cancel.jpg" class="cancel"></td></tr>
                                                            </table></div>
  <div id="reg"><!--注册框含于遮罩里-->
      <table border="0" width="300">
```

```
            <caption>用户注册</caption>
            <tr><td width="25%">用户名:</td><td width="75%"><input type=
                                 "text" name="username" maxlength="18"></td></tr>
            <tr><td width="25%">密   码:</td><td width="75%">
                                 <input id="pass" maxlength="20" type="password"
                                                name="pass"></td></tr>
            <tr><td colspan="2" align="center"><img src="images/ensure.jpg"> 
                    <img src="images/cancel.jpg" class="cancel"></td></tr>
                                                          </table></div></div>
<script>
    $('#login').click(function(){//登录处理
        $('#reg').hide();
        $('#cover').show();  //显示遮罩
    });
    $('#register').click(function(){ //注册处理
        $('#log').hide();
        $('#cover').show();
    });
    $('.cancel').click(function(){
        $('#cover').hide();  //显示遮罩
        //考虑连续操作情形,如先注册后登录
        $('#log').show();$('#reg').show();
    });
</script>
```

5.5.2　综合项目:会员管理信息系统 memmana2b

与第 5.4 节介绍的项目 memmana2a 相比,项目 memmana2b 只是使用 jQuery 实现对页面元素的访问,而 HTML 及 CSS 代码并没有变化。

1. 页面头部的实时时间显示

分部页 header.html 里的 JS 脚本代码如下:

```
<!--使用 jQuery-->
<script src="../js/jquery-3.3.1.min.js"></script>
<script>
    var dtps=$("#dtps");  //获取页面元素包装成 jQuery 对象
    function displayDT(){
    var dt=new Date().toLocaleString();
    dtps.text(dt);  //使用 jQuery 对象的方法 text()修改对象属性
    //dtps.html(dt);  //ok
    //dtps.val(dt);  //error,因为不是文本框之类的元素
  }
  setInterval("displayDT()","1000");  //实时时间显示
</script>
```

2. 会员登录页面设计

会员登录页面 mLogin. html 里的 JS 代码如下：

```
<script src="js/jquery-3.3.1.js"></script>
<script>
    var dtps=$("#dtps");  //定义 jQuery 对象
    setInterval("displayDT()","1000");  //实时时间显示
    function displayDT(){
      var dt=new Date().toLocaleString();
      dtps.text(dt);
      //dtps.html(dt);  //ok
      //dtps.val(dt);  //error,因为不是文本框之类的元素
    }
    $(document).ready(function() { //注册页面加载就绪事件,对应于 DOM 的 onload 事件
      //下面创建数组的代码不可放到 ready 事件函数之外,否则 click 事件函数访问不到
      //二维数组即数组中的每个元素是一个数组,初始化两个用户
      var users=[["wzx", "123"], ["wyh", "456"]];
      users.push(["wj", "789"]);  //追加一个用户信息
      $("#ensure").click(function(){
          un=$("#username").val();  //获取文本框的输入值
          pwd=$("#password").val();  //获取密码框的输入值
          for(i=0; i<users.length; i++){
            if(users[i][0]==un) break;
          }
          if(i<users.length) {//用户名存在时
            if(users[i][1]==pwd) {//密码也正确时
              alert("登录成功");
              $("#loginState").html("欢迎你:"+un);  //状态栏局部刷新
              $("table").hide("slow");  //隐藏表格
            } else{
              alert("密码错误...");
            }
          } else{
              alert("用户名不存在...");
          }
      });
    });
    //注册按钮单击事件,不必内嵌至页面加载就绪事件函数里
    $("#cancel").click(function(){//响应取消按钮
          location.href="index.html";
    });
</script>
```

注意：(1) 因为会员登录页面的JS要修改元素的值，所以不能使用〈iframe〉标签，否则不能获取对象。动态网页开发时，可使用文件包含指令。

(2) 本页面的JS脚本里使用二维数组保存了可登录成功的用户信息。实现项目开发时，用户信息保存在数据库里，属于动态网页开发。

(3) 动态网页开发时，表单提交使用 submit 类型的提交按钮，而不是使用 button 类型的按钮。

3. 会员注册页面设计

会员注册页面使用标签〈iframe〉引入头部和底部两个分部视图，主体也是一个表单，内嵌一个表格来布局多种类型的表单元素。

会员注册页面 mRegister.html 的代码如下：

```
<!--自处理表单-->
<!DOCTYPE>
<html>
<head>
    <meta http-equiv="Content-Type" content="text/html; charset=UTF-8">
    <title>会员注册</title>
    <style>
        tr {
            font-size:25px;
            line-height:50px;
        }
        input {
            /*作用于表单输入元素，即文本框、下拉列表和按钮等*/
            font-size:15px;
            line-height:25px;
        }
    </style>
</head>
<body>
        <!--页面头部，width="100%"是关键属性-->
        <iframe src="publicView/header.html" width="100%" height="80"
                                        frameborder="0" scrolling="no"></iframe>
    <!--主页主体内容-->
    <div style="width:800px;height:500px;margin:20px auto;padding-left:450px;">
        <form method="post">
            <table width="450" border="0">
                <caption style="line-height:45px;font-size:35px;color:red">
                                                                    会员注册</caption>
                <tr>
                    <td align="right">会员名称：</td>
```

```
            <td><input type="text" id="username" value="">
                                                                </td></tr>
        <tr>
            <td align="right">会员密码:</td>
            <td><input type="password" id="password" value="">
                                                                </td></tr>
        <tr>
            <td align="right">性     别:</td>
            <td><input type="radio" name="sex" checked value="1">
                                                        男   
                <input type="radio" name="sex" value="0">女
                                                                </td></tr>
        <tr>
            <td align="right">兴趣爱好:</td>
            <td><input type="checkbox" value="ah01" name="ah">
                                                              文艺  
                <input type="checkbox" value="ah02" name="ah">体育  
                <input type="checkbox" value="ah03" name="ah">游戏  
                                                                </td></tr>
        <tr>
            <td align="right">所在城市:</td>
            <td><select name="city" id="city">
                <option value="0">--请选择--</option></td></tr>
        <tr>
            <td align="right">上传照片:</td>
            <td><input type="file" id="photo"></td></tr>
        <tr>
            <td colspan="2"><textarea name="jl" id="jl" cols="60" rows="5">
                                   这是一个使用 textarea 标签制作的多行文本框,
                              用于写个人简历之类的东东。</textarea></td></tr>
        <tr height="50">
            <td align="right"><input type="button" id="ensure" value=
                                                                "确定"/></td>
            <td align="center"><input type="button" id="cancel" value=
                                                                "取消"/>
                                                        </td></tr></table>
    </form>
  </div>
    <! --页面底部,width="100%"是关键属性-->
    <iframe src="publicView/footer.html" width="100%" height="38"
                                                        frameborder="0"
                                                scrolling="no"></iframe>
</body>
```

```
</html>
<script type="text/javascript" src="js/jquery-3.3.1.js"></script>
<script>
    $(document).ready(function(){
        $("#city").append("<option value='1'>北京</option>");
        $("#city").append("<option value='2'>上海</option>");
        $("# dity").append("<option value='3'>武汉</option>");
        $("#ensure").click(function(){
            result="亲爱的"+ $("# username").val();
        if($('input:radio:checked').val()=="1"){
            result+ ="先生:";
        }else{
            result+ ="女士:";
        }
        ah="";
        $('input:checkbox').each(function(){//遍历复选框
            if($(this).attr('checked')){//获取当前对象的 checked 属性值
                ah+ =$(this).val();
            }
        });
        if(ah.length>0){
            result+ ="你的爱好是"+ah+";";
        }else{
            result+ ="你没有选择爱好;";
        }
        var obj=$("#city option:selected");
        result+ ="你选择的城市是"+ obj.text()+"(代码为"+ obj.val()+")";
        alert(result);
    });
    $("#cancel").click(function(){//响应取消按钮
        location.href="index.html";  //页面跳转
    });
  });
</script>
```


注意:本页面演示了使用 JS 获取不同表单元素提交值的方法。

5.5.3 jQuery 插件开发

jQuery 插件的开发包括两种:一种是类级别的插件开发,即给 jQuery 添加新的全局函数,相当于给 jQuery 类本身添加方法,jQuery 的全局函数就是属于 jQuery 命名空间的函数;另一种是对象级别的插件开发,即给 jQuery 对象添加方法。

对象级别插件开发的一个代码框架如下：

```
(function($){
    $.fn.pluginName=function(){
        // Our plugin implementation code goes here.
    };
})(jQuery);
```

当页面引入 jQuery 脚本和包含自己编写的插件的 JS 脚本后，我们就可以对任何 jQuery 对象应用插件方法 pluginName()了。

5.6 jQuery Ajax

5.6.1 jQuery Ajax 概述

Ajax 是一种在 Web 应用程序中向服务器发送异步请求并接收异步响应的技术，其实现的主要过程是：

- 浏览器中的 JS 发送请求；
- 服务器把响应信息发送给 JS；
- JS 通过 DOM 操作浏览器的局部。

jQuery Ajax 是指在 jQuery 环境下使用 Ajax 技术，在不重载全部页面的情况下，实现对网页内容的局部更新。

注意：Ajax 技术的原生用法较为烦琐，使用 jQuery Ajax 的相关方法实现页面的局部更新较为简便。

5.6.2 JSON 数据格式

JSON(JavaScript object notation)是 JavaScript 原生格式，是一种完全独立于语言的文本格式，这意味着在 JavaScript 中处理 JSON 数据不需要任何特殊的 API 或者工具包。JSON 数据易于读写、解析和生成，实现可以跨平台、快速的数据传输，是一种理想的数据交换语言，是 jQuery Ajax 方法常用的数据格式。

1. JSON 对象与 JSON 字符串

JSON 对象是一个无序的“键名:键值”对集合。一个对象以“{”开始，以“}”结束，“键名:键值”对之间使用逗号“,”分隔，如图 5.6.1 所示。

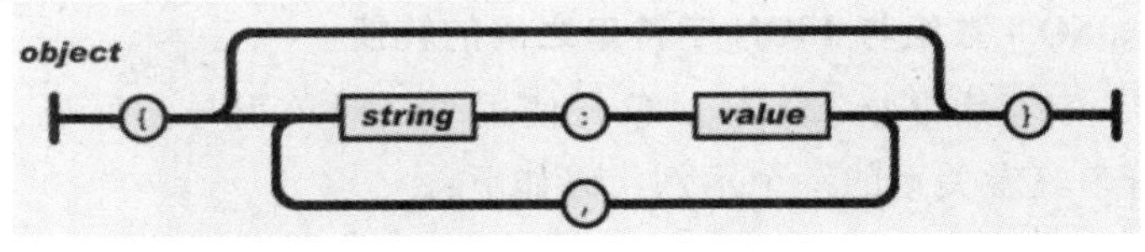

图 5.6.1　JSON 对象定义

其中,JSON 键值可以是数字、字符串、逻辑值、数组、JSON 对象和 null。

注意:(1) JSON 对象的键名必须加一对双引号。
(2) JSON 对象可以嵌套。
(3) JSON 是从属于 JS 的一种数据格式,在处理 JSON 数据时,可以直接使用 JS 内置的 API。

一个定义 JSON 对象的示例代码如下:

```
<script>
  var obj={
    "name":"xx",
    "age":10,
    "school":{
      "name":"bb",
      "location":"aa"
    }
  }
</script>
```

JSON 只是一种数据格式,一个定义 JSON 字符串的示例代码如下:

```
<script>
    var jsonStr='{"width":100,"height":200,"name":"rose"}';
    document.writeln(typeof jsonStr);  //输出 string
    //稍复杂一点的 JSON 格式的字符串
  var arrayStr='['+'{"width":100,"height":200,"name":"rose1"},'+
      '{"width":120,"height":220,"name":"rose2"},'+
      '{"width":130,"height":230,"name":"rose3"},'+']';
</script>
```

2. JSON 数组

JSON 数组是由 JSON 对象构成的数组,用[{},{},...,{}]来表示。其中,每对大括号{}表示一个 JSON 对象,并作为数组的元素。通过 JS 创建一个 JSON 数组的示例代码如下:

```
<script>
    var employees=[
        {"firstName":"Bill" , "lastName":"Gates"},
        {"firstName":"George" , "lastName":"Bush"},
        {"firstName":"Thomas" , "lastName":"Carter"}];
    document.writeln(employees[1].lastName);   //输出 Bush
</script>
```

3. JSON 对象、JSON 数组与 JSON 字符串之间的转换

在 JS 里,JSON 字符串是指 JSON 对象外使用了一对单引号。反映 JSON 对象、JSON 数组与 JSON 字符串三者关系的一个示例代码如下:

```
<script>
    //使用大括号保存 JS 对象
    var obj2={};
    var obj3={width:100,height:200};
    var obj4={'width':100,'height':200};
    //JSON 格式的 JS 对象
    var obj5={"width":100,"height":200,"name":"rose"};
    //JSON 格式的字符串
    var str1='{"width":100,"height":200,"name":"rose"}';
    var str2='['+'{"width":100,"height":200,"name":"rose"},'+
           '{"width":100,"height":200,"name":"rose"},'+
           '{"width":100,"height":200,"name":"rose"}'+']';
    //JSON 格式的数组,方括号保存数组
    var a=[{"width":100,"height":200,"name":"rose"},{"width":100,"height":
                                                        200,"name":"rose"},
      {"width":100,"height":200,"name":"rose"}];
</script>
```

5.6.3 jQuery Ajax 应用实例

$.ajax() 方法用于执行 AJAX(异步 HTTP)请求,主要参数及含义如下:

- url:规定发送请求的 URL。
- data:要发送到服务器的数据。
- dataType:预期的服务器响应的数据类型。
- async:异步或同步请求,取值 true 和 false,默认 true。
- success():当请求成功时运行的函数。

例 5.6.1 使用 jQuery Ajax 实现下拉列表联动。

第二个下拉列表在第一个下拉列表改变选项后呈现对应的列表项。当选择第二个列表项并失去焦点时,弹出显示选择结果的消息框,如图 5.6.2 所示。

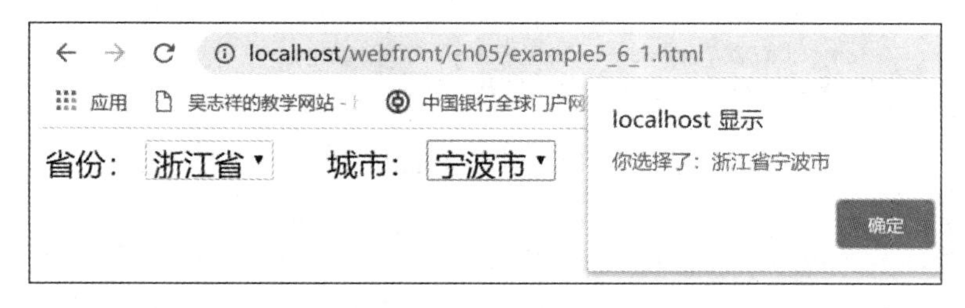

图 5.6.2 页面浏览效果

Web 服务器程序 example5_6_1.php,根据用户选择的第一个列表项,在数据库里查询对应的城市,并以异步任务方式返回,其代码如下:

```
<?php
  header("Content-Type:text/html;charset=utf-8");  //通知浏览器本页面使用的编码
  @mysql_connect("localhost:3306","root","") or die("链接数据库服务器失败");
                                                            //用户名 root,空密码
  @mysql_select_db("phpexercise") or die("选择数据库失败");
  mysql_set_charset("utf8");  //声明数据库编码
  $sf_id=$_GET['sf_id'];  //获得请求时传递的参数
  if(isset($sf_id)){
      //以客户端传入的数据构造 where 条件查询
      $rs=mysql_query("select* from dishi where sf_id=$sf_id");
                                                            //二维表形式的结果集
      //遍历结果集
      while($row=mysql_fetch_array($rs)){
          //添加相关信息至 php 二维数组
          $result[]=array("city_id"=>$row['city_id'],"city_name"=>
                                                            $row['city_name']);
      }
      //print_r($result);  //测试:输出 php 二维数组
      //使用 php 函数 json_encode()转换 php 数组为 JSON 字符串
      echo json_encode($result);  //返回 JSON 字符串,其内容为 JS 数组
  }
?>
```

注意:(1) php 动态网页以.php 作为扩展名,程序代码包含在<? php 和?>内。
(2) php 动态网页需要存放在 WAMP 默认站点里。

访问该 Web 程序,浏览器返回的结果如图 5.6.3 所示。

```
localhost/webfront/ch05/example5_6_1.php?sf_id=23
[{"city_id":"01","city_name":"\u676d\u5dde\u5e02"},
{"city_id":"02","city_name":"\u5b81\u6ce2\u5e02"},
{"city_id":"03","city_name":"\u7ecd\u5174"}]
```

图 5.6.3　浏览器返回的结果

其中,服务端程序在生成 JSON 字符串时,对汉字使用 Unicode 编码(以\u 打头,后跟四位十六进制数)。访问 https://www.json.cn,复制上面浏览器返回的代码至浏览器窗口的左边,对 JSON 数据解析后的结果如图 5.6.4 所示。

在页面 example5_6_1.html 里定义了第一个下拉列表选项改变的 jQuery 事件 change,该事件的处理方法是以异步方式获取 Web 服务端的数据库信息、刷新第二个下拉列表项,页面的完整代码如下:

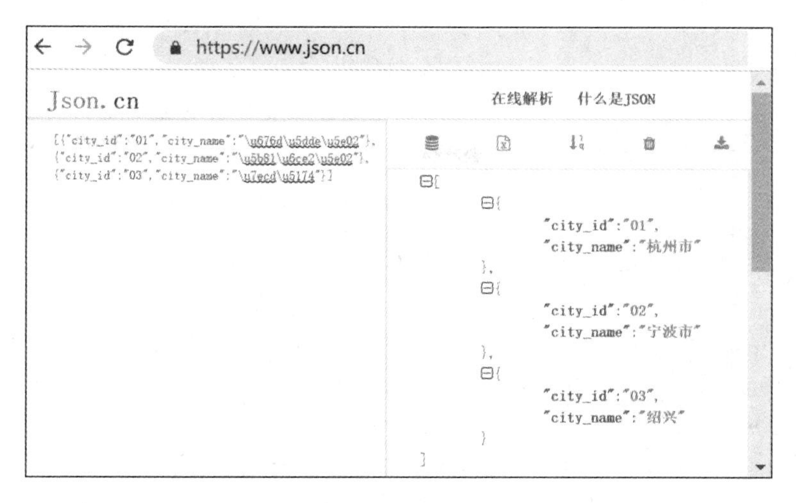

图 5.6.4　对 JSON 数据解析后的结果

```
<html>
<head>
      <meta charset="utf-8"/>
      <title>使用 Ajax 异步通信实现下拉列表联动效果</title>
      <style>
body,select{font-size:20px;}
    </style>
</head>
<body>
      省份:
      <select id="sf_id" title="选择省份">
      <option value="17">湖北省</option>
      <option value="23">浙江省</option>
      </select>     
      城市:
      <select id="city_id" title="选择城市">
      <!--列表项通过在 JS 脚本中调用函数 jQuery Ajax 方法完成-->
      </select>
</body>
</html>
<script type="text/javascript" src="js/jquery-1.3.2.js"></script>
<script type="text/javascript">
      //页面加载时自动执行一次 getVal()方法
    $(document).ready(function(){
  getVal();   //对默认省份对应的城市进行初始化
  });
  $("#sf_id").change(function(){//联动,定义选项改变事件的处理方法
  $("#city_id").empty();   //清空列表项
```

```
  getVal();
  });
  $("#city_id").blur(function(){//注册失去焦点事件的处理方法
  alert("你选择了:"+$("#sf_id").find("option:selected").text()+
$("#city_id").find("option:selected").text());
  });
  function getVal(){ //联动方法
  $.ajax({
    type:'GET',  //请求方式
    url:"example5_6_1.php",  //请求的 Web 服务器程序
    data:{
//提交给 Web 服务器程序的参数(也是键值对形式,服务器程序按键名接收)
    sf_id:$("#sf_id").val()
    },
       dataType:"json",  //关键参数:Web 服务器返回的数据类型
    success:function(response){//response 是响应信息的内容(JSON 数组)
          // response=JSON.parse(response);  //当未指定 dataType 参数时必须使用
          console.log(typeof response);  //数据类型测试
      console.log(response); //浏览器 Console 控制台输出测试
          //jQuery 遍历方法$.each()
  $.each(response,function(index,array){ //形参 index 为序号,array 为 JSON 对象
               var option="<option value='"+array.city_id+"'>"+array.city_name+"</
option>";
  $("#city_id").append(option); //
  });
    }
  });
  }
</script>
```

注意:当未指定 dataType 参数时,需要使用 JSON.parse(response)将 JSON 字符串解析为 JS 对象(此处为 JSON 数组)。

本案例访问数据库 phpexercise,表 dishi 的记录信息如图 5.6.5 所示。

sf_id	city_id	city_name
17	01	武汉市
17	02	黄石市
17	03	孝感市
17	04	宜昌市
17	05	黄冈市
23	01	杭州市
23	02	宁波市
23	03	绍兴

图 5.6.5　表 dishi 的记录信息

习题 5

一、判断题

1. 访问网站时，页面的快捷菜单包含了 JS 脚本。
2. 在 JS 脚本里可以将 HTML 标记作为特殊的文本输出。
3. 浏览器没有提供对 JS 进行断点调试的功能。
4. JS 里的脚本函数不会自动执行，只能通过事件或脚本调用时才会执行。
5. jQuery 对象就是 DOM 对象。
6. 方法 substring()和 substr()都能实现字符串的截取功能。
7. 浏览器对象在使用前也需要先创建其实例。
8. DOM 事件名称与 jQuery 事件名称相同。
9. JSON 对象是 JavaScript 对象的简称。
10. 方法 $. ajax()默认使用异步请求处理方式。

二、选择题

1. 下列选项中，不属于 JavaScript 基本数据类型的是__________。
   A. boolean　　B. undefined　　C. null　　D. object
2. 下列 JavaScript 内置对象中，使用前不需要使用 new 创建实例的是__________。
   A. Date　　B. Array　　C. String　　D. Math
3. 下列不是浏览器对象模型中的二级对象的是__________。
   A. document　　B. location　　C. form　　D. navigator
4. 下列不属于 DOM 鼠标事件的是__________。
   A. OnLoad　　B. OnMouseOut
   C. OnClick　　D. OnMouseOver
5. 在 window 提供的方法中，产生确认对话框的是__________。
   A. alert　　B. confirm　　C. msgbox　　D. prompt
6. 下列选项中，不可用于表单元素访问的是__________。
   A. document. writeln()　　B. document. getElementById()
   C. document. getElementsByName()　　D. formName. elements[i]. value
7. 查询 Google 浏览器控制台输出信息，应在浏览器调试程序选择__________选项。
   A. Elements　　B. Console　　C. Sources　　D. Network
8. 在 jQuery 中，下列使用不合法的是__________。
   A. $('. login')　　B. $('#login')
   C. $(document)　　D. $['. logout']
9. 使用 jQuery ajax()处理下拉列表的列表项改变事件的是__________。
   A. change　　B. onChange　　C. onBlur　　D. onClick

10. 不是 jQuery 方法 ajax()有效参数的是__________。

A. data　　B. action　　C. url　　D. success

三、填空题

1. 页面里默认使用__________作为客户端脚本语言。

2. 语句 document. writeln（typeof null ==typeof undefined）的输出结果是__________。

3. window 对象提供的两种定时器方法分别是 setTimeout()和__________。

4. 语句 document. writeln(typeof null)的输出结果是__________。

5. 为了获取 jQuery 对象，必须使用 jQuery 提供的__________函数。

实验 5□□□

一、实验目的

(1) 掌握在页面里引入客户端脚本语言的多种方式；

(2) 掌握 JS 内置对象及浏览器对象的常用方法与属性、常用的页面事件；

(3) 掌握 jQuery 或第三方提供的 JS 特效脚本的使用；

(4) 掌握在 JS 程序中刷新页面中某个标志内文本的方法；

(5) 掌握 HTML4 与 HTML5 在使用上的差别。

二、实验内容及步骤

预备 访问 http://www.wustwzx.com/webfront/index.html，单击第 5 章实验，下载本章实验内容的源代码(含素材)并解压，得到文件夹 ch05，将其复制到 wamp\www，在 HBuilder 中打开该文件夹。

1. 掌握 JS 数据类型与 JS 对象

(1) 打开文件 example5_1_1.html，选择"边改边看模式"。

(2) 查看使用 typeof 获取数据类型的方法。

(3) 查看使用 console.log()输出对象的方法。

2. 掌握 JS 内联式脚本的使用

(1) 打开文件 example5_1_2.html。

(2) 查看 JS 内联式脚本里 this 关键字的作用(指代本对象)。

(3) 将鼠标分别位于图片和离开图片区域，观察图片的变化。

3. 掌握 JS 内部脚本的使用

(1) 打开文件 example5_1_3.html。

(2) 查看位于〈script〉和〈/script〉内 JS 脚本代码的作用。

(3) 用鼠标多次单击图片，观察图片的变化。

4. 掌握 JS 内置对象 Date 与浏览器对象 window 的使用

(1) 打开文件 example5_3_1.html。

(2) 查看创建 Date 对象实例的代码。

(3) 查看使用 window 方法中定时器方法 setTimeout()的代码。

(4) 查看使用 window 方法中定时器方法 setInterval()的代码，总结两种定时器方法的用法区别。

5. 使用第三方 JS 脚本制作图片新闻

(1) 打开文件 example5_3_5.html。

(2) 观察页面里图片的轮播效果。

(3) 查看引入第三方 JS 脚本文件的代码。

(4) 分析方法 scroll()各参数的作用。

(5) 添加一幅图片并适当修改方法参数后，再观察页面效果。

6. 分析会员管理项目

(1) 打开项目 memmana2a 的文件 publicView/header. html，查看使用原生 JS 实现显示时间的代码。

(2) 打开项目 memmana2b 的文件 publicView/header. html，查看使用 jQuery 实现显示时间的代码，并总结两种用法的区别。

(3) 打开使用原生 JS 实现的项目 memmana2a 的文件 mLogin. html，分别查看建立用户数组和登录实现的代码。

(4) 在浏览窗口里做用户登录测试。

(5) 打开使用 jQuery 实现的项目 memmana2b 的文件 mLogin. html，分别查看建立用户数组和登录实现的代码，并与使用原生 JS 实现的项目比较用法的区别。

(6) 类似地，分别分析用户注册页面 mRegister. html 的实现代码。

7. 了解 jQuery Ajax 的用法

(1) 打开文件 example5_6_1. html，观察到浏览器窗口中第一个下拉列表有列表项，而第二个下拉列表无列表项。

(2) 查看 ajax()方法的五个参数。其中，url 参数值为一个 php 动态页面 example5_6_1. php。

(3) 查看动态页面 example5_6_1. php 的代码，该代码包含接收用户列表选择数据、访问数据库和返回结果数据三部分。

(4) 启动 WAMP 服务器。

(5) 访问 http://localhost/webfront/ch05/example5_6_1. php? sf_id=23，观察服务端返回的 JSON 数据，并复制到 Windows 剪贴板里。

(6) 访问 https://www. json. cn，复制剪贴板中的内容至浏览器窗口的左边，查看对 JSON 数据解析的结果。

(7) 访问 http://localhost/webfront/ch05/example5_6_1. html，做浏览测试。

三、实验小结及思考

(由学生填写，重点写上机中遇到的问题。)

第6章 HTML5 新增功能

HTML5 是 HTML4 标准之后的版本，提供了全新的框架和平台，包括新增标签、CSS 样式扩展、免插件的音视频播放、图像动画和本地存储等功能。本章学习要点如下：

- 掌握 HTML5 的开发环境及运行环境；
- 掌握 HTML5 对传统表单功能的扩充；
- 掌握 HTML5 音频及视频的播放方法；
- 掌握 HTML5 的图形功能；
- 掌握 HTML5 的地理定位功能；
- 掌握 HTML5 利用媒体查询实现响应式网站设计的方法；
- 掌握 HTML5 客户端存储。

6.1 HTML5 概述

6.1.1 从 HTML4 到 HTML5

如今，越来越多的程序员开始使用作为新一代 Web 语言的 HTML5 来构建网站。

HTML5 相对于 HTML4 而言，新增了许多功能。在 HTML5 中，简化了很多细微的语法。例如 doctype 的声明，只需要写〈!doctype html〉即可，并不需要 DTD 文件来进行有效性检查。

HTML5 新增了多种用于表单输入的元素类型(如 email 等)，详见第 6.2 节。

HTML5 新增标签如下：

(1) video 标签：用于播放视频。

(2) audio 标签：用于播放音频。

(3) canvas 标签：提供绘图的画布。

注意：(1) 大多数浏览器(如 IE 9、火狐浏览器、360 浏览器和 Google 浏览器等)均支持 HTML5，但 IE 9 以下版本的浏览器不支持 HTML5。

(2) 虽然现在 HTML5 很流行，但 HTML5 的某些标准仍在制定中。

前面，我们介绍的网页文本编辑软件 VS Code 和 HBuilder，默认创建的文档格式是 HTML5。

如果使用 DW CS6 作为网页文档的编辑器，为了开发 HTML5 文档，则需要使用菜单“编辑→首选参数”设置默认文档为 HTML5，如图 6.1.1 所示。

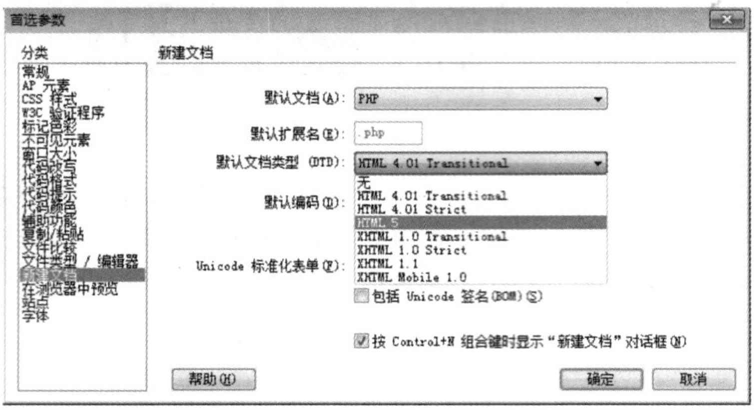

图 6.1.1　在 DW CS6 中设置默认新建 HTML5 文档类型

6.1.2　使用标签〈details〉和〈summary〉隐藏详细内容

HTML5 提供了标签〈details〉和〈summary〉，用于实现对详细内容的隐藏与显示。成对标签〈summary〉和〈/summary〉定义标题。默认情况下，含于成对标签〈details〉和〈/details〉里且位于成对标签〈summary〉和〈/summary〉后的详细内容是隐藏不显示的，在单击展示按钮后才显示。

例 6.1.1　使用 HTML5 新增标签〈details〉和〈summary〉实现对详细内容的隐藏与显示。

页面代码如下：

```
〈!DOCTYPE html〉
〈html〉
  〈head〉
    〈meta charset="UTF-8"〉
    〈title〉详细内容的显示与隐藏〈/title〉
    〈style type="text/css"〉
      p{
        text-indent:2em; /*首行缩进 2 个字符*/
        line-height:1.5em; /*1.5 倍行间距*/
        font-style:normal; /*默认字体*/
      }
    〈/style〉
  〈/head〉
  〈body〉
    〈details〉
      〈summary〉Java 大方向〈/summary〉
      〈p〉Java 是一门面向对象编程语言，不仅吸收了 C++语言的各种优点，还摒弃了 C++里难以理
          解的多继承、指针等概念，具有简单性、面向对象、分布式、健壮性、安全性、平台独立
          与可移植性、多线程、动态性等特点。使用 Java 语言，可以编写桌面应用程序、Web
          应用程序、分布式系统和嵌入式系统应用程序。〈/p〉
```

```
        <p>http://www.wustwzx.com</p>
      </details>
    </body>
</html>
```

成对标签<summary>与</summary>内的文本默认是隐藏的，当单击标题文本前的控制符号▶时，显示详细文本，如图 6.1.2 所示。

▼ Java大方向

Java是一门面向对象编程语言，不仅吸收了C++语言的各种优点，还摒弃了C++里难以理解的多继承、指针等概念，具有简单性、面向对象、分布式、健壮性、安全性、平台独立与可移植性、多线程、动态性等特点。使用Java语言，可以编写桌面应用程序、Web应用程序、分布式系统和嵌入式系统应用程序。

http://www.wustwzx.com

图 6.1.2　设置可隐藏的文本

注意：(1) 在 HTML4 中，上述效果需要使用 JS 脚本才能实现。
(2) 单击工具▼时，将隐藏详细内容。

6.2　HTML5 对表单的新增功能

6.2.1　字段输入提示

对 text 和 password 类型的表单域添加 placeholder 属性，其属性值是字段输入时的提示文本，以浅灰色表示，并在用户输入任意一个字符后自动消失。一个示例代码如下：

```
用户名:<input type="text" placeholder="请输入用户名,字符之间不能有空格!"/>
```

6.2.2　为文本域添加下拉列表选择输入

list 类型的表单域是对 text 类型表单域的扩展，将 list 类型的表单域与一个<datalist>标签相关联，实现在任意文本输入的基础上还具有列表选择输入功能。

例 6.2.1　为文本域添加下拉列表输入功能。

页面代码如下：

```
<!DOCTYPE>
<meta charset="UTF-8">
<title>为文本框增加列表输入</title>
<form>
    教材名称:<input list="books" id="jcmc">
    <!--支持模糊输入,可分别输入 J、EE 和 j 进行测试-->
```

```
        <datalist id="books">
            <option value="1">Java SE 程序设计</option>
            <option value="2">Java EE 程序设计</option>
            <option value="3">Android 程序设计</option>
        </datalist>
        <input type="submit" value="提交" id="tj">
    </form>
    <script src="http://cdn.bootcss.com/jquery/1.9.1/jquery.min.js"></script>
    <script>
        $("#tj").click(function(){
            var obj=$("#jcmc");
            var tjz=obj.val();
            alert(tjz);
        });
    </script>
```

在浏览器窗口里浏览页面时，单击 list 类型的表单域，将呈现所有列表项(含对应的提交值)供选择输入，如图 6.2.1 所示。

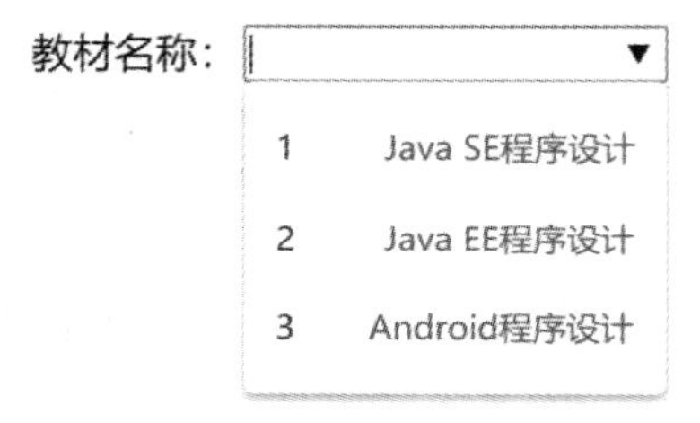

图 6.2.1 list 类型的表单域输入效果

注意:(1) 下拉列表效果在 HBuilder 里的浏览器窗口不会出现，需要使用浏览器访问本页面。

(2) 表单域 list 综合了表单域 text 和标签<select>的功能。此外，表单域 list 还具有模糊输入功能，以实现快速地选择输入。

6.2.3 字段必填验证

对 text、password 和 file 等类型的表单域应用属性 required 后，在表单提交前，该表单域必须输入值(即不能空)。一个示例代码如下：

```
用户名:<input type="text" name="username" required/>
```

如果没有输入必填字段的值而提交，则会出现相应的警告信息并等待输入。

6.2.4 电子邮件格式验证

电子邮件地址必须包含@，表单里 E-mail 地址可使用表单域 email 来验证。一个示例代码如下：

```
电子邮件:<input type="email"/>
```

6.2.5 日期与时间输入

date 类型的表单域用于实现日期输入，使用代码如下：

```
生日:<input type="date" name="user_date" id="birthday"/>
```

日期选择器效果如图 6.2.2 所示。

图 6.2.2　日期选择器效果

如果希望在选择输入日期的同时还能输入时间，则需要使用 datetime-local 类型代替 date 类型。

6.2.6 range 类型

range 类型表单域用于输入一个在一定范围内的数字，显示为一个可滑动的控件。一个示例代码如下：

```
范围:0<input type="range" min="0" max="100" value="80" step="1">100
```

range 类型表单域浏览效果，如图 6.2.3 所示。

图 6.2.3　range 类型表单域浏览效果

其中，属性 min、max、value 和 step 的含义不言而喻。

例 6.2.2　HTML5 对表单的新增功能。

页面代码如下：

```
<!doctype>
<meta charset="utf-8">
<title>HTML5 新特性之一:表单字段验证</title>
<form>
    会员名:<input type="text" required id="memname" size="40" placeholder="在这儿
                                    输入会员名,字符之间不能有空格!"><br><!--必填写-->
    E_mail:<input type="email" id="email"><br><!--验证电子邮件地址格式-->
```

```
    <!--日期与时间选择器-->
    日期:<input type="date"/><br>
    日期与时间:<input type="datetime-local"/><br>
    <input type="submit" value="提交">
</form>
<!--使用 HTML5 表单字段验证,就不要使用 JS 验证-->
```

表单提交时,若电子邮件地址不包含@,则会出现错误提示,如图 6.2.4 所示。

会员名: wzx
E_mail: 707348355
请在电子邮件地址中包括"@"。"707348355"中缺少"@"。
提交

图 6.2.4　表单电子邮件地址验证

6.3　HTML5 音频与视频

HTML5 引入原生态的多媒体支持,可以在浏览器中直接播放音频和视频文件,不再需要借助视频插件(如 Flash 插件等)播放音频和视频。

6.3.1　音频标签 audio

成对标签 audio 用于页面的音频播放。目前,audio 标签支持 mp3、wav 和 ogg 三种音频格式。audio 标签的主要属性如下:

- src:音频文件的 url,为必填属性。
- controls:使用本属性,将显示包含播放/暂停按钮的控件。
- autoplay:使用本属性,音频就绪后自动播放。
- loop:使用本属性,每当音频结束时重新开始循环播放。
- muted:使用本属性,实现静音。

例 6.3.1　HTML5 音频播放。

页面代码如下:

```
<!doctype>
<meta charset="utf-8">
<title>HTML5 音频播放</title>
<audio src="Audio/钢琴曲_梁祝.mp3" controls autoplay loop id="MyAudio"></audio>
<input type="button" value="静音" onClick="playControll()" id="kz"/>
<script>
  function playControll(){
```

```
      if(!MyAudio.muted){
        MyAudio.muted=true;  //静音,按名访问标签属性
                //按钮直接按名访问其标签属性,不需要使用方法 document.getElementById()
                kz.value="播放";
      }else{
                MyAudio.muted=false;
                kz.value="静音";
      }
    }
</script>
```

音频播放效果,如图 6.3.1 所示。

图 6.3.1　音频播放效果

6.3.2　视频标签 video

成对标签 video 用于页面的视频播放,支持 mp4、webm 和 ogg 三种视频格式。video 标签具有 src、controls、autoplay 和 loop 等属性,其含义与 audio 标签属性相同。

例 6.3.2　HTML5 视频播放。

页面代码如下:

```
<!DOCTYPE>
<meta charset="UTF-8">
<title>视频播放</title>
<style>
      *{
          margin:0;padding:0;
      }
      video{
          width:100%;
          height:100%;
          margin:0 auto;
      }
</style>
<video src="Video/全息投影邓丽君.mp4" autoplay controls loop></video>
```

视频播放效果,如图 6.3.2 所示。

图 6.3.2　视频播放效果

6.4　HTML5 绘图功能

HTML5 新增了画布标签 canvas，在 JavaScript 脚本里，使用上下文对象在画布里绘制矩形和圆等基本图形，还可以显示图像、输出文字。

6.4.1　画布标签 canvas

画布标签 canvas 在页面中显示一个设定背景色的画布，一个示例代码如下：

```
<canvas id="canvas"height="300" width="300" style="background:yellow">
                                                   您的浏览器不支持此标签</canvas>
```

在获取 HTML5 的内置对象 context(画笔)后，借助于 Canvas API 和 JavaScript 能实现画图或者其他图像操作，其关键代码如下：

```
var canvas=document.getElementById('canvas');  //获取画布 DOM
var cxt=canvas.getContext('2d');     //设置绘图上下文对象
```

6.4.2　HTML5 绘图 API

画图之前，一般需要先设置属性：lineWidth(线宽)、strokeStyle(画笔颜色)。

画直线之前，需要使用方法 moveTo()定义起始点。

绘制某个图形后，再绘制新图形时，需要使用方法 beginPath()。

画线段方法 lineTo()、画矩形方法 rect()和画弧(圆)方法 arc()，均还需要使用方法 stroke()，才能真正在画布上绘制出相应的路径。

填充某个封闭图形，需要设置属性 fillStyle 并使用方法 fill()。

方法 strokeRect()等效于 rect()+stroke()。

方法 fillRect()等效于 rect()+fill()，使用 fill()方法后，就不需要使用 stroke()方法了。

例 6.4.1　HTML5 绘图功能。

页面代码如下：

```
<!doctype>
<meta charset="utf-8">
<title>HTML5绘图</title>
<canvas width="500" height="800" style="background:yellow"id="canvas">
            您的浏览器当前版本不支持此标签</canvas>
<script>
    var canvas=document.getElementById('canvas');  //获取画布 DOM
    var ctx=canvas.getContext('2d');     //设置绘图上下文对象
    console.log(canvas);  // 测试
    //画一条线段
    ctx.lineWidth=5;  //线宽
    ctx.strokeStyle="#FF9900";  //画笔颜色
    ctx.moveTo(20,20); //笔触位置(开始点)
    ctx.lineTo(300,20);//笔触位置(终点)
    ctx.stroke(); //调用 stroke()后才可真正作用于画布,绘制已定义的路径
    //画圆形
    ctx.beginPath(); //关键,先开始路径
    ctx.lineWidth=3;
    ctx.strokeStyle="green"; //设置绘画的颜色
    ctx.arc(70,100,50,0,360,false); //画弧方法
    ctx.stroke(); //必须
    ctx.closePath(); // 结束路径,可省略
    ctx.beginPath();
    ctx.fillStyle="rgb(255,0,0)";  //设置填充的颜色
    ctx.arc(200,100,50,0,360,false);
    ctx.fill();  //填充
    ctx.stroke(); //可省略,因为前面使用了 fill()方法
    ctx.closePath();
    //画矩形
   /*ctx.beginPath();
    ctx.rect(20,200,100,100);
    ctx.stroke(); //rect()方法是单纯地画出一个矩形框,调用 stroke()或 fill()
                                                后才会真正作用于画布
    ctx.closePath();*/
    ctx.strokeRect(20,220,100,100) //另法
    //实心矩形
    ctx.beginPath();
    ctx.rect(150,220,100,100);
    ctx.fill();  //填充
    ctx.closePath();
    ctx.fillRect(150,200,100,100);  //另法
</script>
```

HTML5 绘图效果如图 6.4.1 所示。

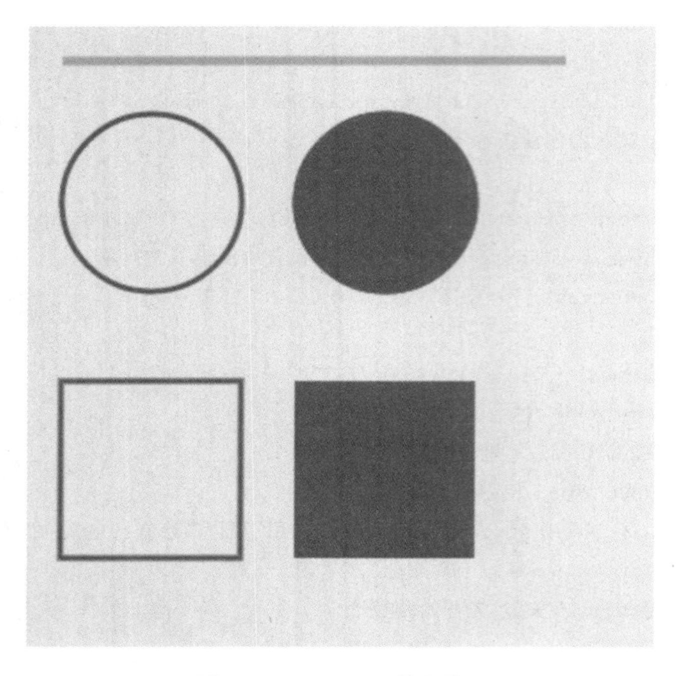

图 6.4.1　HTML5 绘图效果

6.5　HTML5 地理定位与百度地图

6.5.1　HTML5 地理定位实现

geolocation 是浏览器对象 navigator 的一个属性，也是 HTML5 地理定位的核心对象，通过它提供的方法 getCurrentPosition()获取当前浏览器所在位置的对象，该对象包含经度(longitude)、纬度(latitude)和海拔高度(altitude)等信息。

使用平台分为移动端和 PC 端。其中，手机浏览器首先尝试使用内置 GPS 数据(定位精度以米为单位)，再使用手机基站编号反向推导出对应的地理位置(定位精度以公里为单位)；PC 浏览器通过电脑的 IP 地址反向查询(定位精度以公里为单位)。

例 6.5.1　HTML5 地理定位的实现。

使用 HTML5 定位的完整代码如下：

```
<!DOCTYPE>
<title>使用 geolocation 获得当前地理位置(经度、纬度)</title>
<meta charset="utf-8">
<meta http-equiv="x-ua-compatible" content="IE=edge">
<meta name="viewport" content="width=device-width, initial-scale=1.0">
<script>
```

```
    if(!navigator.geolocation) {
        alert("你的浏览器不支持 HTML5 Geolocation");  //判断浏览器是否支持地理定位
    }else{
        var options={
            enableHighAccuracy:true,
            timeout:10000,
            maximumAge:60000
        };  //定义一个 JSON 对象
        navigator.geolocation.getCurrentPosition(success, error, options);
                                                            //定位,第 2 和第 3 参数任选
        //navigator.geolocation.getCurrentPosition(success,error);  //定位
    }
    function success(position) {//定位成功时的回调方法
        //坐标属性 coords 包含经度、纬度等信息
        var x=position.coords.longitude;
        var y=position.coords.latitude;
        alert("经度为:"+x+"\n 纬度为:"+y);
    }
    function error(err) {//定位失败时的回调方法
        var errorTypes={
            1:"用户拒绝定位服务",  //PERMISSION_DENIED
            2:"获取不到定位信息",  //POSITION_UNAVAILABLE
            3:"获取定位信息超时",  //TIMEOUT
            4:"未知错误"   //UNKNOW_ERROR
        };  //定义一个 JSON 对象
        alert(errorTypes[err.code]);  //使用数据方式访问 JSON 对象的数据
    }
</script>
```

使用 UC 浏览器得到的定位信息,如图 6.5.1 所示。

图 6.5.1　使用 UC 浏览器得到的定位信息

注意：(1) 并非所有浏览器都能成功定位。UC浏览器和Windows 10自带的浏览器Microsoft Edge，均能成功定位；Google和360浏览器需要等待较长时间才出现定位失败的信息（获取定位信息超时）。

(2) 获取指定位置的经度、纬度数据，可访问http://api.map.baidu.com/lbsapi/getpoint/index.html，反之亦然。

(3) 做浏览测试时，需要有网络；否则，断开网络，将出现"获取不到定位信息"。

(4) HTML5自带的地理定位性能较差，相对于第三方定位工具（如百度地图等），不在同一个层次上。在实际项目开发时，很少使用原生HTML5自带的地理定位功能。

6.5.2 第三方工具百度地图的应用

百度地图可以用来进行Web开发、Android开发和iOS开发，这里我们进行Web开发。

由于涉及公司利益，百度地图的源代码不会提供给大家下载。但是，我们可以通过注册开发者账号的方法来使用百度地图工具包。

注意：百度地图提供的HTML5 JavaScript定位API，自1.5版本起，需要应用密钥(AK)。

打开百度地图官网http://lbsyun.baidu.com/，可以进行用户的注册与登录。

登录成功后，通过控件台菜单里的创建应用选项，申请浏览器定位应用的Key，如图6.5.2所示。

图6.5.2 申请浏览器定位应用的Key

提交后，将生成32个十六进制数组成的数字系列，将其作为应用的Key(简称AK)。

例 6.5.2 百度地图定位。

使用百度地图定位的效果,如图 6.5.3 所示。

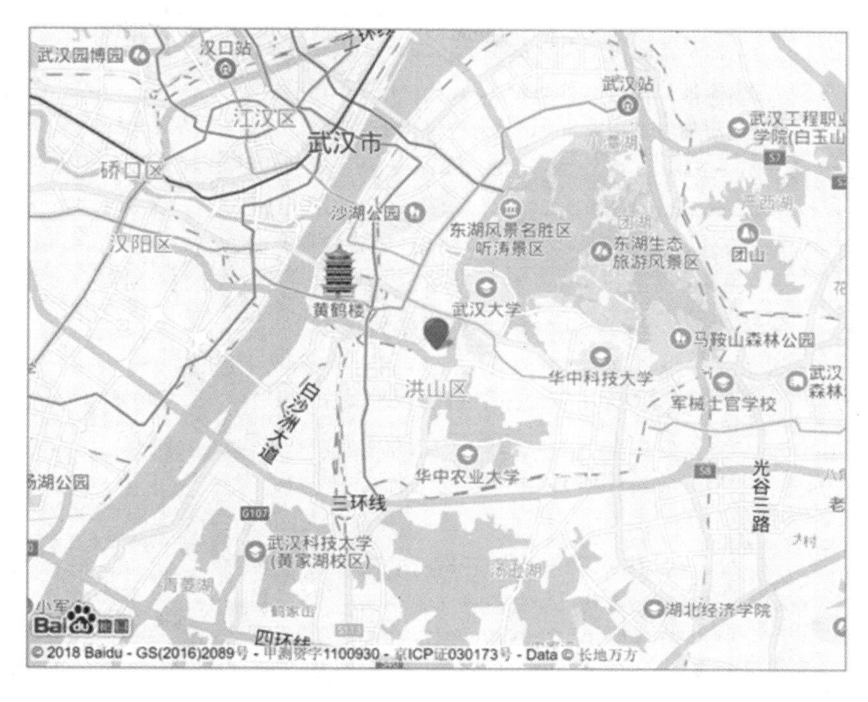

图 6.5.3 使用百度地图定位的效果

页面代码如下:

```
<!DOCTYPE html>
<html>
<title>HTML5 调用百度地图 API 进行地理定位实例</title>
<head>
    <meta charset="UTF-8"/>
</head>
<body style="margin:50px 10px;">
    <div id="status" style="text-align:center"></div>
    <div style="width:600px;height:480px;border:1px solid gray;margin:30px auto"
                                                              id="container"></div>
</body>
</html>
<!--下面的 ak 值是申请创建百度位置应用时获取的-->
<script type="text/javascript" src="http://api.map.baidu.com/api?
                                  v=2.0&ak=134db1b9cf1f1f2b4427210932b34dcb"></script>
<script>
    window.onload=function() {
        var x,y;
        if(navigator.geolocation) {
```

```
            //1.创建地图: var map=new BMap.Map("");
            //2.创建坐标点:var point=new BMap.Point("经度","纬度");
            //3.设置视图中心点:map.centerAndZoom(point,size);
            //4.激活滚轮调整大小功能:map.enableScrollWheelZoom();
            //5.添加控件:map.addControl(new BMap.Xxx());
            //6.添加覆盖物:map.addOverlay();
            var map=new BMap.Map("container");  //使用百度 API,创建地图
            var point=new BMap.Point(x, y);  //创建坐标点
            map.centerAndZoom(point, 12);  //设置视图中心点
            var geolocation=new BMap.Geolocation();  //创建定位对象
            geolocation.getCurrentPosition(function(r) {
                if(this.getStatus()==BMAP_STATUS_SUCCESS) {
                    var mk=new BMap.Marker(r.point);
                    map.addOverlay(mk);   //添加覆盖物
                    map.panTo(r.point);
                }else{
                    alert('failed'+this.getStatus());
                }
            },{enableHighAccuracy:true});
            return;
        }else{
            alert("HTML5 Geolocation is not supported in your browser!");
        }
    };
</script>
```

6.6 HTML5 响应式布局与媒体查询

6.6.1 响应式布局

如今,越来越多的智能移动设备加入互联网中,移动互联网不再是独立的小网络了,而是成为 Internet 的重要组成部分。为解决移动互联网的浏览问题,Ethan Marcotte 在 2010 年 5 月份提出了响应式布局的概念。使用响应式布局后,一个网站能够兼容多种终端,不再为每个终端做一个特定的版本。响应式网络设计(responsive Web design,简称 RWD)的出现,使网页自动适应具有不同分辨率的屏幕,为移动设备提供了更好的用户体验。

产生响应式布局是因为设备显示器大小不同,最终原因还是分辨率不同。所以,在做开发时,要先了解开发对象的屏幕尺寸信息。实现响应式布局有很多方法,媒体查询(media queries)功能就是其中之一。

媒体查询技术针对有限几种预设的屏幕尺寸进行设计,并遵循移动端优先(mobile

first)的策略。从最小屏幕的手机端开始(比如 iPhone 的 320px),先确定内容,然后逐级往较大屏幕设计。例如,使用 max-width:599px 来定义屏幕尺寸小于 600px 时的样式,使用 min-width:600px 来定义屏幕尺寸大于或等于 600px 时的样式。

media 用来指定特定的媒体类型,例如屏幕(screen)和打印(print)和支持所有媒体介质的 all。

注意:(1) 响应式 Web 设计并不是将整个网页缩放给用户。

(2) 响应式布局之前的网页设计,总是使用台式电脑显示器分辨率 1024px×768px。

6.6.2 关于视口 viewport

为了解决移动端屏幕分辨率的问题,各大浏览器专门定义并支持视口 viewport,并允许开发者自定义视口大小或缩放比例。为了让移动设备的 viewport 大小适应设备宽度,通常需要在网页的头部加入如下标签:

```
<meta name="viewport" content="width=device-width,initial-scale=1,maximum-scale=
1"/>
```

注意:(1) 视口 viewport 是针对移动端的概念,PC 端不存在视口的概念。

(2) 设置视口是实现响应式设计的前提。未使用响应式设计时,手机浏览器将页面缩小至显示所有内容或者需要手势滑动来显示其他内容,这将影响用户体验效果。

6.6.3 媒体查询

在 CSS3 中,媒体查询可以根据设备宽度和方向等差异来改变页面的显示方式。媒体查询由媒体类型和条件表达式组成。

例 6.6.1 使用媒体查询的简明示例。

页面代码如下:

```
<!DOCTYPE>
<meta charset="utf-8"/>
<title>媒体查询</title>
<meta name="viewport" content="width=device-width,initial-scale=1,maximum-scale=
1"/>
<style>
  .example {
      padding:20px;
      color:white;
  }
  /*Extra small devices(phones, 599px and down) */
  @media only screen and(max-width:599px) {
      .example {background:red;}
  }
```

```
    /* Small devices(portrait tablets and large phones, 600px and up) */
    @media only screen and(min-width:600px) {
        .example {background:green;}
    }
    /* Medium devices(landscape tablets, 768px and up) */
    @media only screen and(min-width:768px) {
        .example {background:blue;}
    }
    /* Large devices(laptops/desktops, 992px and up) */
    @media only screen and(min-width:992px) {
        .example {background:orange;}
    }
    /* Extra large devices(large laptops and desktops, 1200px and up) */
    @media only screen and(min-width:1200px) {
        .example {background:pink;}
    }
</style>
<h5>使用媒体查询示例</h2>
<p class="example">调浏览器窗口宽度,查看段落背景的变化(共有五种)。</p>
```

当浏览器窗口宽度小于 600px 时,段落背景为红色,如图 6.6.1 所示。

使用媒体查询示例

调浏览器窗口宽度,查看段落背景的变化(共有五种)。

图 6.6.1　浏览器窗口宽度小于 600px 时的页面效果

注意:(1) 媒体查询作为在特定条件下的 CSS 样式应用。
(2) 作为媒体类型的 screen,一般可以省略。
(3) 使用 min-width 或 max-width 来检测媒体尺寸,类似于分段函数,存在 CSS 样式的覆盖。

例 6.6.2　使用媒体查询实现响应式菜单设计。

当浏览器窗口宽度达到 1024px 时,水平显示导航菜单,如图 6.6.2 所示。

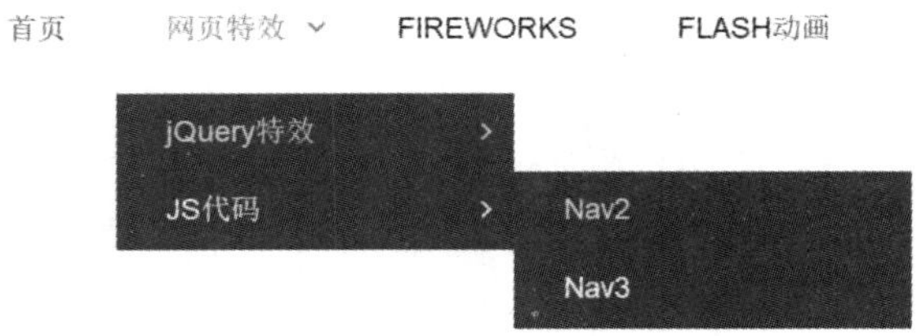

首页　网页特效 ∨　FIREWORKS　FLASH动画
jQuery特效 ›
JS代码 ›　Nav2
Nav3

图 6.6.2　水平弹出式菜单

当浏览器窗口宽度小于或等于 768px 时，导航菜单将隐藏并出现汉堡按钮。单击该按钮，可以打开导航菜单，此时呈现垂直样式，如图 6.6.3 所示。

图 6.6.3　单击汉堡按钮后的菜单效果

当浏览器窗口宽度大于 768px 且小于 1024px 时，出现垂直的导航菜单。

页面代码如下：

```
<!DOCTYPE>
<meta charset="utf-8"/>
<meta http-equiv="X-UA-Compatible" content="IE=edge">
<meta name="viewport" content="width=device-width, initial-scale=1">
<link rel="stylesheet" href="css/style.css">
<script src="js/jquery-latest.min.js" type="text/javascript"></script>
<!--加载自己编写的 jQuery 插件 script.js-->
<script src="js/script.js" type="text/javascript"></script>
<title>jQuery 响应式多级下拉导航菜单特效</title>
<div id='cssmenu'>
  <ul>
    <li><a href='#'>首页</a></li>
    <li class='active has-sub'>
      <a href='#'>网页特效</a>
      <ul>
      <li class='has-sub'>
          <a href='#'>jQuery 特效</a>
          <ul>
              <li><a href='#'>HTML5</a></li>
              <li><a href='#'>CSS3</a></li></ul></li>
      <li class='has-sub'>
          <a href='#'>JS 代码</a>
          <ul>
              <li><a href='#'>Nav2</a></li>
```

```
        <li><a href='#'>Nav3</a></li></ul></li></ul></li>
    <li><a href='#'>Fireworks</a></li>
    <li><a href='#'>Flash动画</a></li></ul></div>
```

网页调用的插件script.js的代码如下：

```
//用法(function($){...})(jQuery);是jQuery插件开发方法，
                                              任何jQuery对象都可调用其插件方法
(function($){
    $.fn.menumaker=function(options){
      var cssmenu=$(this),
          settings=$.extend({
              title:"Menu",
              format:"dropdown",
              sticky:false
          }, options);
      return this.each(function(){
          cssmenu.prepend('<div id="menu-button">'+settings.title+'</div>');
          $(this).find("#menu-button").on('click', function(){
              $(this).toggleClass('menu-opened');
              var mainmenu=$(this).next('ul');
              if(mainmenu.hasClass('open')){
                  mainmenu.hide().removeClass('open');
              }else{
                  mainmenu.show().addClass('open');
                  if(settings.format==="dropdown"){
                      mainmenu.find('ul').show();
                  }
              }
          });
          cssmenu.find('li ul').parent().addClass('has-sub');
          multiTg=function(){
              cssmenu.find(".has-sub").prepend('<span class="submenu-button">
                                                                  </span>');
              cssmenu.find('.submenu-button').on('click', function(){
                  $(this).toggleClass('submenu-opened');
                  if($(this).siblings('ul').hasClass('open')){
                      $(this).siblings('ul').removeClass('open').hide();
                  }else{
                      $(this).siblings('ul').addClass('open').show();
                  }
              });
          };
          if(settings.format==='multitoggle') multiTg();
```

```
            else cssmenu.addClass('dropdown');
            if(settings.sticky===true) cssmenu.css('position', 'fixed');
            resizeFix=function() {
                if($(window).width()>768) {
                    cssmenu.find('ul').show();
                }
                if($(window).width()<=768) {
                    cssmenu.find('ul').hide().removeClass('open');
                }
            };
            resizeFix();
            return $(window).on('resize', resizeFix);
        });
    };
})(jQuery); //一个 jQuery 插件的定义结束
(function($) {
    $(document).ready(function() {
      $(document).ready(function() {
            $("#cssmenu").menumaker({
                title:"Menu",
                format:"multitoggle"
            });
            $("#cssmenu").prepend("<div id='menu-line'></div>");
            var foundActive=false,
                activeElement, linePosition=0,
                menuLine=$("#cssmenu #menu-line"),
                lineWidth, defaultPosition, defaultWidth;
            $("#cssmenu > ul > li").each(function() {
                if($(this).hasClass('active')) {
                activeElement=$(this);
                foundActive=true;
            }
        });
        if(foundActive===false) {
            activeElement=$("#cssmenu > ul > li").first();
        }
        defaultWidth=lineWidth=activeElement.width();
        defaultPosition=linePosition=activeElement.position().left;
        menuLine.css("width", lineWidth);
        menuLine.css("left", linePosition);
        $("#cssmenu>ul>li").hover(function() {
                activeElement=$(this);
```

```
                lineWidth=activeElement.width();
                linePosition=activeElement.position().left;
                menuLine.css("width", lineWidth);
                menuLine.css("left", linePosition);
            },
            function() {
                menuLine.css("left", defaultPosition);
                menuLine.css("width", defaultWidth);
            });
        });
    });
})(jQuery);
```

样式文件里定义的媒体查询代码如下：

```
@media all and(max-width:768px), only screen and(-webkit-min-device-pixel-ratio:2) and
(max-width: 1024px), only screen and (min--moz-device-pixel-ratio: 2) and (max-width:
1024px), only screen and(-o-min-device-pixel-ratio: 2/1) and (max-width: 1024px), only
screen and (min-device-pixel-ratio: 2) and (max-width: 1024px), only screen and (min-
resolution:192dpi) and(max-width:1024px), only screen and(min-resolution:2dppx) and
(max-width:1024px) {…}
```

注意：(1) jQuery 插件的编写方法，参见第 5.5 节。

(2) 相对于 Bootstrap 框架实现的响应式水平菜单设计(参见第 7.1 节)，本例的设计方法属于原生开发方式。

6.7 HTML5 Web 存储

在 1.2.6 小节，我们介绍了客户端存储 Cookies，其大小限制在 4 K 左右。HTML5 对 window 对象增加了属性 localStorage 和 sessionStorage、方法 openDatabase()，它们是客户端存储数据的新方法，统称为 Web 存储。

localStorage 类似于 Cookies。客户端浏览器中来自同一域名(站点)的所有页面都可访问 localStorage 数据。

sessionStorage 类似于服务器端的 session，用于会话控制、短期保存，在客户端浏览器关闭后将自动清除 sessionStorage 的数据。例如，用户在登录成功后，通常会在服务端建立 session 信息保存用户名，以便在不同页面里共享这个会话信息，会话信息在用户操作完毕后登出或关闭浏览器时被清除。

注 意：(1) localStorage 与 sessionStorage 的唯一差别是 localStorage 属于永久性存储，而 sessionStorage 则是当会话结束的时候，sessionStorage 中的键值对数据将被清空。

(2) Web 存储的数据以站点为单位分别存放，如 WAMP 建立的 www 站点。

(3) 使用 Google 浏览器时，按 F12 键并选择 Application 选项，可以查询 Web 存储中的键/值对数据。

(4) Cookie 会随着请求发送到服务器端，而 Web Storage 数据存储在客户端，不会与服务器发生交互。

Web 存储中常用的方法及属性如下：

- setItem(键名，键值)：存储键/值对数据。
- getItem(键名)：读取键名对应的键值，如果没有键值，则返回空值 null。
- removeItem(键名)：清除键名对应的键值。
- clear(键名)：清空键/值对数据。
- 属性 length：表示键/值对的数量。

6.7.1 本地存储 localStorage

在 HTML5 中，对 window 对象新加入了一个 localStorage 特性，用作本地存储，解决了 Cookies 存储空间不足的问题。localStorage 中一般浏览器支持的是 5 M 大小。

例 6.7.1 本地存储简明示例。

页面代码如下：

```
<!DOCTYPE>
<meta charset="UTF-8">
<title>localStorage 存储</title>
<script>
    var ls=window.localStorage;
    if(!ls) {
        alert("浏览器不支持 localStorage!");
    }else{
        document.writeln("浏览器支持 localStorage! <br>");
        ls.setItem("kc1","Java 桌面开发");
        ls.setItem("kc2","Java EE 开发");
        document.writeln("已经使用 localStorage 建立了两对键值对数据,
                            请使用 Google 浏览器浏览本页面并按 F12 键查验...<br>");
        document.writeln("关闭 Google 浏览器后访问 http://localhost,
                            按 F12 键查验仍可查验到 localStorage 存储的键值对数据");
    }
</script>
```

注意：localStorage 是没有时间限制的数据存储，且只支持 string 类型的存储。

6.7.2 会话存储 sessionStorage

localStorage 和 sessionStorage 的使用方法是一致的，区别在于 sessionStorage 方法针对一个 session 进行数据存储。当用户关闭浏览器窗口后，数据会被删除。

例 6.7.2 会话存储简明示例。

页面代码如下：

```
<!DOCTYPE>
<meta charset="UTF-8">
<title>sessionStorage 存储</title>
<script>
    var ss=window.sessionStorage;
    if(! ss) {
        alert("浏览器不支持 sessionStorage!");
    }else{
        document.writeln("浏览器支持 sessionStorage! <br>");
        ss.setItem("kc3","Android 开发");
        document.writeln("使用 Google 浏览器访问本页面，
              按 F12 键可查验到 sessionStorage 和 localStorage 存储的键值对数据。<br>");
        document.writeln("关闭浏览器后再访问 http://localhost,
                                   按 F12 键则只可查验到 localStorage 存储的键值对数据。");
    }
</script>
```

6.7.3 WebSQL 数据库

WebSQL 数据库允许应用程序通过一个异步 JavaScript 接口访问 SQLite 数据库。使用 window. openDatabase()方法获取现有的数据库或者新建数据库对象，对数据库对象应用方法 transaction()控制一个事务的提交和回滚，对数据库事务对象应用方法 executeSql()来执行实际的 SQL 查询。

注意：Android 手机也内置了 SQLite 数据库引擎。

方法 openDatabase()包含五个参数，依次是数据库名、版本号、描述、数据库大小和回调函数。其中，回调函数可以省略。一个示例代码如下：

```
var db=window.openDatabase('mydb', '1.0', 'Test DB', 20000);  //"window."可省略
```

方法 transaction()以 JS 函数作为参数，且通常使用匿名方式，匿名函数内调用 executeSql()方法访问数据库。一个示例代码如下：

```
db.transaction(function(tx){
    tx.executeSql('create table if not exists news(id unique, title)');
});
```

例 6.7.3 WebSQL 数据库简明示例。

页面代码如下：

```
<!DOCTYPE>
<meta charset="UTF-8">
<title>Web SQL Database</title>
<script>
    var db=window.openDatabase('mydb', '1.0', 'Test DB', 2000);  //打开或创建库 mydb
    db.transaction(function(tr){
        //创建包含 2 个字段(id 和 title 且 id 值不重复)的 news 表
        tr.executeSql('create table if not exists news(id unique, title)');
    });
    db.transaction(function(tr){
        tr.executeSql('insert into news(id, title)values
                                            (1, "武汉因军运会每天不一样")');
        tr.executeSql('insert into news(id, title)values(2, "2019 春节联欢晚会")');
    });
</script>
```

习题 6

一、判断题

1. 单位 px 和 em 均可用来表示页面文本的大小，它们都属于绝对单位。
2. IE 8 不支持 HTML5。
3. HTML5 增加了新的表单元素类型。
4. HTML5 播放音频及视频，还需要安装相关插件。
5. HTML5 提供了在页面里绘图的功能。
6. HTML5 地理定位属于网络定位。
7. 响应式 Web 设计就是将整个网页缩放给用户。
8. HTML5 Web 存储是通过 JS 脚本编程实现的。

二、选择题

1. HTML5 新增的〈details〉标签，需要配合__________标签使用。

A. title　　B. caption　　C. summary　　D. Math

2. 为文本域添加列表选择输入所使用的类型是__________。

A. text　　B. list　　C. datalist　　D. option

3. 为文本域设置输入提示，使用属性__________。

A. text　　B. required　　C. email　　D. placeholder

4. 在 Google 浏览器里，HTML5 客户端存储包含在浏览器调试程序__________的选项里。

A. Console　　B. Memory　　C. Network　　D. Application

5. 定义 HTML5 绘图时的画布所使用的标签是__________。

A. canvas　　B. datalist　　C. summary　　D. graphics

三、填空题

1. HTML5 文档使用标签__________声明。
2. HTML5 地理定位的核心是使用浏览器对象 navigator 的__________属性。
3. HTML5 为文本域添加列表选择输入，需要关联标签__________。
4. HTML5 媒体查询时，使用 max-width:599px 来定义屏幕尺寸小于__________px 时的样式。
5. HTML5 视频播放使用的标签是__________。
6. HTML5 Web 存储中的 localStorage 和 sessionStorage，都是浏览器对象__________的属性。

实验 6□□□

一、实验目的

（1）掌握 HTML5 新增标签〈details〉及〈summary〉的使用。

（2）掌握 HTML5 对表单的新增功能。

（3）掌握 HTML5 音频及视频播放标签的使用。

（4）掌握 HTML5 绘图功能。

（5）掌握 HTML5 地理定位与百度地图的使用。

（6）了解 HTML5 的响应式设计的基本原理。

（7）了解 HTML5 Web 存储。

二、实验内容及步骤

预备 访问 http://www.wustwzx.com/webfront/index.html，单击第 6 章实验，下载本章实验内容的源代码（含素材）并解压，得到文件夹 ch06，将其复制到 wamp\www，在 HBuilder 中打开该文件夹。

1. 使用 HTML5 新增标签〈details〉和〈summary〉实现对详细内容的隐藏与显示

（1）打开文件夹 ch06 里的文件 example6_1_1.html，并选择“边改边看模式”。

（2）在代码窗口里，查验用于显示标题的成对标签〈summary〉及对应的详细内容包含在成对标签〈details〉里。

（3）在浏览窗口里，单击工具▶展示详细内容，此时工具变成样式▼，单击它时，隐藏详细内容。

2. HTML5 对表单的新增功能

（1）打开 example6_2_1.html。

（2）查看表单元素〈input list="books"〉对表单元素〈datalist id="books"〉的关联。

（3）比较 datalist 标签与 select 标签的用法区别及联系。

（4）打开浏览器访问本页面，分别测试自由输入、列表输出和模糊输入功能。

（5）打开文件 example6_2_2.html。

（6）分别查看表单元素属性 required、placeholder 和 email、date 字段类型。

（7）在浏览器窗口里访问本页面，测试 HTML5 对表单元素的验证功能。

3. HTML5 音频及视频标签的使用

（1）打开文件 example6_3_1.html。

（2）查看标签 audio 的相关属性。

（3）查看静音及播放控制的 JS 代码。

（4）打开浏览器访问本页面，测试音频的播放及静音控制。

（5）打开文件 example6_3_2.html。

（6）查看标签 video 的相关属性。

（7）在浏览器窗口里访问本页面，测试视频的播放。

（8）分别对音频及视频标签的属性做灵敏性测试。

4. HTML5 绘图功能

(1) 打开 example6_4_1. html。

(2) 查看获取绘图对象的相关代码。

(3) 查看画笔属性的设置方法。

(4) 查看常用绘图命令方法的参数。

(5) 在浏览器窗口里访问本页面。

5. HTML5 地理定位与百度地图

(1) 打开 example6_5_1. html。

(2) 查看 geolocation 对象的定位方法及参数。

(3) 使用 UC 浏览器访问本页面,查看定位结果。

(4) 打开文件 example6_5_2. html。

(5) 查看对百度定位 API 的引用。

(6) 在浏览器窗口里访问本页面。

6. 了解媒体查询与响应式设计

(1) 打开 example6_6_1. html。

(2) 查看媒体查询定义的样式。

(3) 打开浏览器访问本页面,缩放窗口大小,观察背景颜色的变化。

(4) 打开文件 example6_6_2. html。

(5) 分别查看页面引用的 CSS 样式文件和 JS 文件。

(6) 在浏览器窗口里访问本页面,缩小窗口直至出现汉堡按钮(三横线)。

7. 了解 HTML5 Web 存储

(1) 打开 example6_7_1. html,查看获取本地存储对象的代码。

(2) 查看本地存储信息的代码。

(3) 打开浏览器访问本页面,按 F12 键后选择 Application,查验本地存储的信息。

(4) 打开文件 example6_7_2. html。

(5) 查看获取会话存储对象的代码。

(6) 在浏览器窗口里访问本页面,按 F12 键后选择 Application,分别查验会话存储和本地存储的信息。

(7) 总结 localStorage 和 sessionStorage 的区别。

三、实验小结及思考

(由学生填写,重点写上机中遇到的问题。)

第7章 常用 Web 前端开发框架的使用

在第 5 章我们介绍了 jQuery 框架，它极大地简化了 JavaScript 的使用。使用 HTML 标签制作的页面不够美观，特别是表格、文本框和按钮等元素，而使用 Bootstrap 可以设计出漂亮的前端页面和响应式布局。Layui 是模块化框架，基于 Node.js 的第三方模块。本章学习要点如下：

- 掌握 Bootstrap 框架的使用；
- 掌握 Web 前端框架 Lay UI 的使用；
- 掌握富文本编辑器 Baidu UE 的使用；
- 初步掌握基于 Node.js 的第三方模块(如 Express 等)的使用；
- 初步掌握 Vue.js 的使用。

7.1 Web 前端框架 Bootstrap

7.1.1 概述

Bootstrap 是 Twitter 推出的一个用于前端开发的开源工具包，是一个关于 HTML、CSS 和 JS 的框架，用于开发响应式布局、移动设备优先的 Web 项目，是目前最受欢迎的 Web 前端框架之一。

访问官网 http://www.getbootstrap.com，可获取 Bootstrap 的文件和源码。访问 Bootstrap 中文网址 http://www.bootcss.com，可下载 Bootstrap 软件，还可获得使用说明的中文文档。

注意：(1) Bootstrap 框架提供的 JS 和 CSS 文件，分别有压缩和非压缩两个版本。其中：压缩版本的文件名里使用 min 标识；非压缩版本是源码形式，便于分析和研究。

(2) Bootstrap 中的许多组件需要依赖 JavaScript 才能运行。

Bootstrap 中包含了丰富的 Web 组件，根据这些组件可以快速地搭建一个漂亮、功能完备的网站。Bootstrap 提供了基本 CSS 样式(表格和按钮等)和常用组件(下拉菜单、按钮组、按钮下拉菜单、导航、导航条、路径导航、分页、排版、缩略图、警告对话框、进度条、媒体对象等)。例如，使用条纹状表格显示数据，可给用户带来很好的视觉体验。

Bootstrap 是基于 HTML5 和 CSS3 开发的，它在 jQuery 的基础上进行了更为个性化和人性化的完善，形成了一套自己独有的网站风格，并兼容大部分 jQuery 插件。

7.1.2 Bootstrap 使用基础

在 Web 项目里使用 Bootstrap 的方法是：将 Bootstrap 的两个文件(一个是样式文件，另一个是 JS 文件）和 jQuery 文件复制到相应的文件夹中，然后在页面头部引入它们。

默认没有启用响应式布局特性。如果加入响应式布局 CSS 文件，栅格系统会自动根据可视窗口的宽度从 724px 到 1170px 进行动态调整。通过在文档中的<head>标签里添加合适的 meta 标签并引入一个额外的样式表即可启用响应式 CSS。

```
<meta name="viewport" content="width=device-width, initial-scale=1.0">
<link href="assets/css/bootstrap-responsive.css" rel="stylesheet">
```

流式栅格系统对每一列的宽度使用百分比，而不是像素数量，它和固定栅格系统一样拥有响应式布局的能力，这就保证它能对不同的分辨率和设备做出适当的调整。

无须对<form>添加任何类或改变标签结构，每个单独的表单控件都已经被赋予了样式。

7.1.3 CSS 组件

下面介绍使用 Bootstrap 时常用的 CSS 组件，分别应用于表格和表单等元素。

1. 表格样式

Bootstrap 提供了用于表格美化及特效的 CSS 组件，表现为如下类样式：

.table：为任意 <table> 添加基本样式（只有横向分隔线）。

.table-striped：添加斑马线形式的条纹（隔行变色）。

.table-bordered：为单元格添加边框。

.table-hover：启用鼠标悬停状态，此时出现浅灰色背景。

.table-condensed：让表格更加紧凑。

例 7.1.1 制作一个具有隔行变色、鼠标悬停功能的条纹状的紧凑表格。

包含多种效果的一个表格示例，如图 7.1.1 所示。

通讯录		
用户名	**工作单位**	**手机**
wuzhixiang	武科大计算机学院	155****3858
kepeng	武科大计算机学院	137****0063
wngyanhong	武科大管理学院	135****6895
wangjing	武科大管理学院	156****1382

图 7.1.1 包含多种效果的一个表格示例

源代码如下：

```
<!DOCTYPE>
<meta charset="UTF-8">
<title>使用 Bootstrap 美化表格、增加特效</title>
<!--下面的 link 标签的 rel 属性不可省去-->
<link rel="stylesheet" href="http://cdn.static.runoob.com/libs/bootstrap/
                                          3.3.7/css/bootstrap.min.css">
```

```
<script src="http://cdn.static.runoob.com/libs/jquery/2.1.1/jquery.min.js">
                                                                    </script>
<script src="http://cdn.static.runoob.com/libs/bootstrap/3.3.7/js
                                              /bootstrap.min.js"></script>
<style>
    caption,th{
        text-align:center!important;/*水平居中表格标题栏文本必须提升样式优先级*/
    }
</style>
<table class="table table-bordered table-striped table-hover table-condensed">
    <caption>通讯录</caption>
    <tr><th>用户名</th><th>工作单位</th><th>手机</th></tr>
    <tr><td>wuzhixiang</td><td>武科大计算机学院</td><td>155****3858</td></tr>
    <tr><td>kepeng</td><td>武科大计算机学院</td><td>137****0063</td></tr>
    <tr><td>wngyanhong</td><td>武科大管理学院</td><td>135****6895</td></tr>
    <tr><td>wangjing</td><td>武科大管理学院</td><td>156****1382</td></tr>
</table>
```

2. 表单样式

引入 Bootstrap 后，需要掌握如下要点。

- 单独的表单控件会自动赋予一些全局样式。
- 为了使表单元素有较好的排列，需要对 form 标签应用样式 class="form-horizontal"。
- 为了对齐表单控件，需要使用 label 标签，并通过 input 标签的 id 属性值与其建立关联。
- 表单元素的宽度，可应用类样式 span1 到 span12(从小到大)。
- 会改变<th>等标签默认的样式。如原来表格内<th>的内容不再是居中，居中<th>的办法是在重新定义 th 样式时加“!important”，其他样式冲突问题的解决办法类似。

例 7.1.2 表单效果。

自动对齐表单控件的一个示例效果，如图 7.1.2 所示。

Email	请输入Email地址
Password	Password
工作单位	武汉科技大学计算机科学与技术学院软件工程系
	☐ Remember me
	提交

图 7.1.2 自动对齐表单控件的一个示例效果

源代码如下：

```
<!DOCTYPE>
<meta charset="UTF-8">
<title>Bootstrap 美化表单</title>
<meta name="viewport" content="width=device-width, initial-scale=1.0">
<meta http-equiv="X-UA-Compatible" content="ie=edge">
<script src="http://cdn.bootcss.com/jquery/1.9.1/jquery.min.js"></script>
<script src="http://cdn.bootcss.com/twitter-bootstrap/2.2.2/bootstrap.min.js">
                                                                    </script>
<link href="http://cdn.bootcss.com/twitter-bootstrap/2.2.2/css/bootstrap.min.css"
rel="stylesheet">
<form class="form-horizontal" style="margin-top:10px" >
    <div class="control-group">
        <label class="control-label" for="inputEmail">Email</label>
        <div class="controls">
        <!--label 标签通过 input 标签的 id 属性值建立关联-->
            <input type="text"id="inputEmail" placeholder="请输入 Email 地址"
                                                 class="span3"></div></div>
    <div class="control-group">
        <label class="control-label" for="inputPassword">Password</label>
        <div class="controls">
            <input type="password" id="inputPassword" placeholder="Password">
                                                                 </div></div>
    <div class="control-group">
   <label class="control-label" for="inputWorkWhere">工作单位</label>
   <div class="controls">
   <input type="text" id="inputWorkWhere" placeholder="武汉科技大学计算机科学
                         与技术学院软件工程系" class="span5"/></div></div>
 <div class="control-group">
        <div class="controls">
            <label class="checkbox"><input type="checkbox"> Remember me</label>
            <button type="button" class="btn"id="tj">提交</button>
                                                        </div></div></form>
```

3. 面包屑导航

面包屑导航(Breadcrumbs)是一种基于网站层次信息的显示方式，表示当前页面在导航层次结构内的位置。

Bootstrap 中的面包屑导航是一个应用了类样式 breadcrumb 的无序列表。

例 7.1.3 面包屑导航设计。

面包屑导航有利于用户知道当前所处位置，其制作要点如下：

- 对列表应用名为 breadcrumb 的类样式和取值为 inline 的 CSS 样式 display；
- 定义当前页的父页面的超链接和分隔符，并放入列表项里；
- 对分隔符应用类样式 divider；

* 最后一个列表表示当前页，并对 li 应用类样式 active</div>。

面包屑导航的一个示例效果，如图 7.1.3 所示。

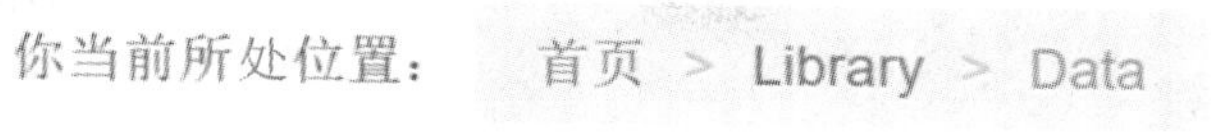

你当前所处位置：　首页 > Library > Data

图 7.1.3　面包屑导航的一个示例效果

源代码如下：

```
<!DOCTYPE>
<meta charset="utf-8"/>
<title>Bootstrap 用法:制作面包屑导航</title>
<script src="http://cdn.bootcss.com/jquery/1.9.1/jquery.min.js"></script>
<script src="http://cdn.bootcss.com/twitter-bootstrap/2.2.2/bootstrap.min.js">
                                                                    </script>
<link href="http://cdn.bootcss.com/twitter-bootstrap/2.2.2/css
                                  /bootstrap.min.css" rel="stylesheet">
你当前所处位置:<!--下列的 inline 样式保证无序列表不另起行-->
<ul class="breadcrumb" style="display:inline; line-height:40px">
    <li><a href="#">首页</a><span class="divider">></span></li>
    <li><a href="#">Library</a><span class="divider">></span></li>
    <li class="active">Data</li></ul>
<div style="background-color:rgb(248, 236, 236)">制作要点:<br/>
    1.对列表 ul 应用名为 breadcrumb 的类样式和 inline 样式<br>
    2.定义当前页的父页面的超链接和分隔符，并放入列表项里 <br>
    3.对分隔符">"应用类样式 divider <br>
    4.最后一个列表表示当前页，并对 li 应用类样式 active</div>
```

7.1.4　响应式设计

data 属性是 HTML5 的新属性，允许开发者自由地为其标签添加属性，用以实现让 HTML 标签可以隐式地附带一些数据。这种自定义属性一般用“data-”开头。

在特定的事件中，JavaScript 可以对这些属性数据进行读/写操作。

使用 Bootstrap 设计响应式菜单，无须写任何媒体查询代码和 JS 脚本代码，只需要应用 Bootstrap 的特定 CSS 样式。

控制响应式菜单里的汉堡按钮，需要建立折叠菜单所在 div 的 id 值与自定义属性 data-target 之间的关联，而 data-toggle="collapse"表示在菜单折叠时触发。

例 7.1.4　使用 Bootstrap 实现响应式菜单设计。

在窗口较宽时，菜单项全部展示且呈水平样式。缩小窗口宽度到一定程度时，菜单项被隐藏，出现汉堡按钮。当单击汉堡按钮时，纵向呈现菜单项，如图 7.1.4 所示。

网站首页
系列教程
名师介绍
成功案例
关于我们

图 7.1.4　响应式菜单效果

完整的设计代码如下：

```
<!DOCTYPE>
<meta charset="UTF-8">
<title>Bootstrap 响应式导航菜单</title>
<meta http-equiv="x-ua-compatible" content="IE=edge">
<meta name="viewport" content="width=device-width, initial-scale=1.0">
<link rel="stylesheet" href="http://cdn.static.runoob.com/libs/bootstrap/3.3.7/
                                                        css/bootstrap.min.css">
<script src="http://cdn.static.runoob.com/libs/jquery/2.1.1/jquery.min.js">
                                                                  </script>
<script src="http://cdn.static.runoob.com/libs/bootstrap/3.3.7/js/bootstrap.min.
                                                              js"></script>
<nav class="navbar navbar-default" role="navigation">
    <button type="button" class="navbar-toggle collapsed"data-toggle=
                                     "collapse" data-target="#menu">
        <span class="icon-bar"/></span>
        <span class="icon-bar"/></span>
        <span class="icon-bar"/></span></button>
    <div class="navbar-header">
        <a class="navbar-brand"href="#">网站首页</a></div>
    <div class="collapse navbar-collapse" id="menu"><!--collapse:折叠-->
        <ul class="nav navbar-nav">
            <li class="active"><a href="##">系列教程</a></li>
            <li><a href="##">名师介绍</a></li>
            <li><a href="##">成功案例</a></li>
            <li><a href="##">关于我们</a></li></ul></div></nav>
```

注意：(1) HTML5 允许开发者自由为其标签添加属性，这种自定义属性一般用“data-”开头。

(2) data-toggle 设置以什么事件触发，data-target 设置事件的目标。

(3) Bootstrap 框架实现的响应式水平菜单设计，本质上是媒体查询(参见例 6.6.2)，只是 CSS 样式由框架提供而已。

7.2 模块化前端框架 Layui

Layui 是一款采用自身模块规范编写的前端 UI 框架，遵循原生 HTML/CSS/JS 的书写与组织形式，门槛极低，拿来即用，外在极简，却又不失饱满的内在，体积轻盈，组件丰盈，从核心代码到 API 的每一处细节都经过精心雕琢，非常适合界面的快速开发。

7.2.1 在 Web 项目里引入 Layui 框架

访问官网 http://www.layui.com，可下载 Layui，将其复制到项目根目录。为了使用 Layui，需要在页面里引入下面两个文件：

```
./layui/css/layui.css
./layui/layui.js
```

注意：如果引入 js 文件 layui/layui.all.js，则称之为采用非模块化方式。

例 7.2.1 使用 Layui 制作快显消息。

页面代码如下：

```
<!DOCTYPE>
<meta charset="utf-8">
<title>使用 Layui 的 layer 模块做快显信息</title>
<meta name="viewport" content="width=device-width, initial-scale=1,
                                                   maximum-scale=1">
<link rel="stylesheet" href="layui/css/layui.css">
<script src="layui/layui.js"></script>  <!--模块化方式-->
<!--<script src="layui/layui.all.js"></script>-->   <!--非模块化方式-->
<script>
    layui.use(['layer', 'form'], function() {//以模块化方式加载相关模块
        //创建两个模块 layer 和 form 的实例对象
        var layer=layui.layer, form=layui.form;//本例中 form 模块并未用到，可省去
        layer.msg('Hello Everyone'); //通过实例对象使用类方法，快显消息
                                                              （稍后自动消失）
    });
    //layui.layer.msg('Hello Mr.Wu'); //在非模块化方式时使用
</script>
```

7.2.2 网页轮播特效

Layui 框架提供了许多网页特效，下面介绍制作一组图片的轮播效果的方法。

例 7.2.2 使用 Layui 制作一组图片的轮播效果。

轮播效果如图 7.2.1 所示。

图 7.2.1　轮播效果

页面代码如下：

```
<!DOCTYPE>
<meta charset="utf-8">
<title>使用 Layui 的 carousel 模块实现自动轮播效果</title>
<link rel="stylesheet" href="layui/css/layui.css" media="all">
<div class="layui-carousel" id="test1">
  <div carousel-item>
    <img src="images/one.jpg" width="100%">
    <img src="images/two.jpg" width="100%">
    <img src="images/three.jpg" width="100%">
    <img src="images/four.jpg">
    <img src="images/five.jpg" width="100%"></div></div>
<script src="layui/layui.js"></script>
<script>
layui.use('carousel', function(){//加载轮播模块
var carousel=layui.carousel;  /*carousel:旋转木马*/
  carousel.render({
elem:'#test1',
    width:'100%', //设置容器宽度
    arrow:'always' //单击左右箭头或下方的图片序号标识按钮,实现手动控制
  });
});
</script>
```

7.2.3　表格模块与分页模块的使用

Layui 框架提供了 laypage 模块，用于二维表数据的分页显示。

例 7.2.3 使用表格模块分页显示二维表数据。

使用 Layui 框架的 table 模块设计的一个示例效果,如图 7.2.2 所示。

ID ≑	用户名	签名	性别	城市	积分 ≑
10001	杜甫	人生恰似一场修行	男	河南巩县	668
10002	李白	人生恰似一场修行	男	绵州昌隆	556
10003	王勃	人生恰似一场修行	男	山西河津	626
10004	花木兰	人生恰似一场修行	女	河南商丘	706
10005	张三	人生恰似一场修行	男	浙江杭州	106

< 1 2 > 到第 1 页 确定 共 8 条 10 条/页 ▼

图 7.2.2 使用 Layui 框架的 table 模块设计的一个示例效果

页面代码如下:

```
<!DOCTYPE>
<!DOCTYPE>
<meta charset="utf-8">
<title>使用 Layui 的 table 模块分页显示二维表数据</title>
<meta name="renderer" content="webkit">
<meta http-equiv="X-UA-Compatible" content="IE=edge,chrome=1">
<meta name="viewport" content="width=device-width, initial-scale=1,
                                                    maximum-scale=1">
<link rel="stylesheet" href="layui/css/layui.css" media="all">
<table class="layui-hide" id="table_demo"></table>
<script src="layui/layui.js" charset="utf-8"></script>
<script>
    layui.use('table', function() {//加载表格模块 table
        var table=layui.table;
        table.render({//展示已知数据
            elem:'# table_demo',
            cols:[[ //表格标题栏含有 7 个字段
                {field:'id', title:'ID', width:80, sort:true},
                {field:'username', title:'用户名', width:80},
                {field:'sign', title:'签名', Width:180},
                {field:'sex', title:'性别', width:80},
                {field:'city', title:'城市', width:100},
                {field:'score', title:'积分', width:80, sort:true}]],
            data:[{//数组元素由 8 个 json 格式的键值对数据组成,{}内含有 6 个字段
                "id":"10001",
                "username":"杜甫",
                "sex":"男",
```

```
"city":"河南巩县",
"sign":"人生恰似一场修行",
"score":"668"},
{"id":"10002",
"username":"李白",
"sex":"男",
"city":"绵州昌隆",
"sign":"人生恰似一场修行",
"score":"556"},
{"id":"10003",
"username":"王勃",
"sex":"男",
"city":"山西河津",
"sign":"人生恰似一场修行",
"score":"626"},
{"id":"10004",
"username":"花木兰",
"sex":"女",
"city":"河南商丘",
"sign":"人生恰似一场修行",
"score":"706"},
{"id":"10005",
"username":"张三",
"sex":"男",
"city":"浙江杭州",
"sign":"人生恰似一场修行",
"score":"106"},
{"id":"10006",
"username":"李四",
"sex":"男",
"city":"广东惠州",
"sign":"人生恰似一场修行",
"score":"165"},
{"id":"10007",
"username":"王五",
"sex":"男",
"city":"陕西西安",
"sign":"人生恰似一场修行",
"score":"186"},
{ "id":"10008",
"username":"赵六",
"sex":"男",
```

```
                "city":"湖北武汉",
                "sign":"人生恰似一场修行",
                "score":"226"}],
            page:true, //是否显示分页
            limit:5 //每页显示的数量,默认值为 10
        });
    });
</script>
```

注意:实际开发中,列表数据来源于数据库,即所谓的动态网页设计,参见例 5.6.1。

Layui 框架提供了 laypage 模块,用于二维表数据的分页显示。

例 7.2.4 分页导航设计。

使用 Layui 框架的 laypage 模块设计的一个示例,其最后一页的浏览效果,如图 7.2.3 所示。

贵阳, 六盘水, 遵义
昆明, 曲靖, 丽江
南宁, 柳州, 桂林

上一页	1	2	3	下一页

图 7.2.3　Layui 框架的 laypage 模块的分页效果

页面代码如下:

```
<!DOCTYPE>
<meta charset="utf-8"/>
<title>Layui 框架的分页组件</title>
<meta http-equiv="X-UA-Compatible" content="IE=edge,chrome=1"/>
<meta name="viewport" content="width=device-width, initial-scale=1,
                                                        maximum-scale=1"/>
<link rel="stylesheet" href="layui/css/layui.css" media="all"/>
<ul id="city_list"></ul>  <!--当前页数据列表-->
<div id="nav"></div>  <!--导航条-->
<script src="layui/layui.all.js"></script>
<script>
var data=[['广州','深圳','珠海'],['杭州','常州','绍兴'],['长沙','株洲','湘潭'],['南昌
    ','上饶','九江'],['武汉','黄石','荆州'],['福州','厦门','三明'], ['郑州','洛
    阳','漯河'],['南京','苏州','无锡'],['石家庄','唐山','张家口'],['济南','青岛
    ','烟台'],['贵阳','六盘水','遵义'],['昆明','曲靖','丽江']];
data.push(['南宁','柳州','桂林']);  //ok
```

```
    //data.push('aaa','bbb','ccc');  // X
    layui.laypage.render({//layui 框架的分页模块 laypage
        elem:'nav',
        limit:5,  //每页记录数,默认值为 10
        //skin:'#1E9FFF', //自定义选中色值
        count:data.length,
        jump:function(obj, first){//obj 表示导航条对象,first 表示导航条是否首次出现
            console.log(obj);console.log(first);
            var startNum=(obj.curr-1)*obj.limit;
            var endNum=startNum+obj.limit;
            var currentData=data.slice(startNum, endNum); //获取当前页数据
            console.log(currentData); //测试 Console 控件台输出
            layui.each(currentData, function(index, item){
                //修改数组数据,全角逗号分隔
                currentData[index]='<li>'+item[0]+','+item[1]+','+item[2]
                                                                    +'</li>';
                //将数组转换为字符串时默认使用半角逗号分隔其数据
                //currentData[index]='<li>'+item.join()+'</li>';
            });
            //列表项之间使用空分隔
            document.getElementById('city_list').innerHTML=currentData.join("");
            if(!first){//单击分页导航上的链接时
                layer.msg('第'+obj.curr +'页', {offset:'b'}); //页数效果显示
            }
        }
    });
</script>
```

7.3 富文本编辑器 Baidu UE

在网站开发实务中,经常需要上传图文并茂的新闻页面。尽管可以使用 Microsoft Word 这样的软件在编辑完成后以 Web 页的形式保存并上传,但其代码量大,且不好管理和修改图片资源文件及内容。

UEditor(以下简称 UE)是由百度 Web 前端研发部开发的所见即所得的富文本 Web 编辑器,具有轻量、可定制、开源(允许自由使用和修改代码)和注重用户体验等特点。同时,UE 允许将页面内容作为数据库的一个字段来存取,从而方便动态地编辑和浏览页面。

访问 https://ueditor.baidu.com/website/download.html,可以下载 UE 的各种版本。下载 php 版本后,其配置文件 php/config.json 定义了允许上传的文件类型、大小、存放位置及上传后的文件命名规则等。下载最新 php 版本的 UE 压缩包,解压后得到的文件系统如

图 7.3.1 所示。

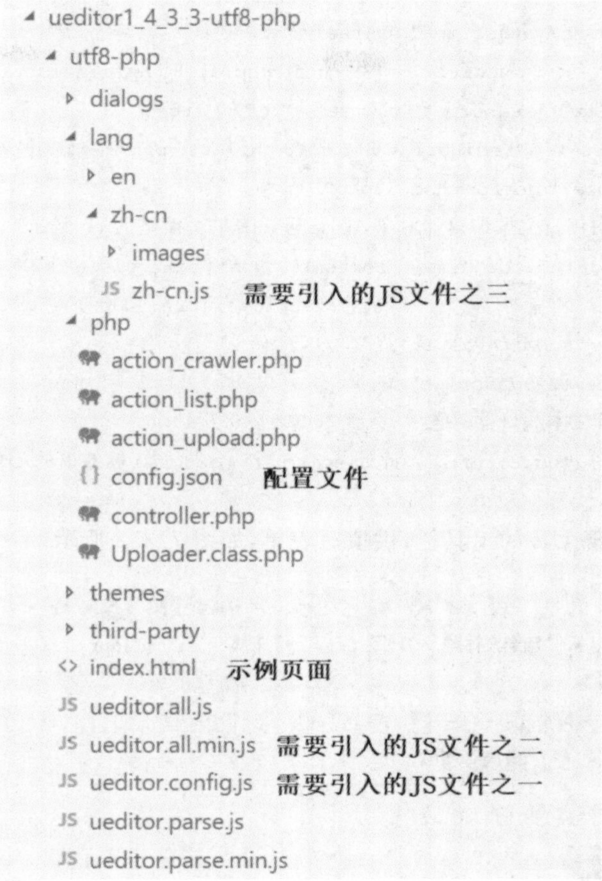

```
◢ ueditor1_4_3_3-utf8-php
  ◢ utf8-php
    ▷ dialogs
    ◢ lang
      ▷ en
      ◢ zh-cn
        ▷ images
        JS zh-cn.js      需要引入的JS文件之三
    ◢ php
      action_crawler.php
      action_list.php
      action_upload.php
      {} config.json     配置文件
      controller.php
      Uploader.class.php
    ▷ themes
    ▷ third-party
    <> index.html        示例页面
    JS ueditor.all.js
    JS ueditor.all.min.js   需要引入的JS文件之二
    JS ueditor.config.js    需要引入的JS文件之一
    JS ueditor.parse.js
    JS ueditor.parse.min.js
```

图 7.3.1　UEditor 文件系统

注意：(1) 留言板是网站设计中的一个重要内容。如果使用表单元素 textarea 记录用户留言，则只能是文本；而使用富文本编辑器后，通过 UE 工具栏可以插入带 CSS 样式的文本、上传图片文件等。

(2) 上传的文件默认存放在系统文件夹 www\ueditor\php\upload\image\yyyymmdd 里，并重新命名为当前的时间戳。其中，www 是 php Web 站点的根目录，yyyy、mm 和 dd 表示当前的年、月和日。

例 7.3.1　富文本编辑器 UEditor 的使用。

设计思想　在表单页面里引入 UEditor 提供的三个脚本文件，自定义脚本执行方法 UE.getEditor('editor')，指定表单元素 textarea 的 id 属性值为"editor"。

表单页面 example7_3_1.html 的代码如下：

```
<!DOCTYPE>
<meta charset="utf-8"/>
<title>使用 UEditor 编辑器的一个完整示例</title>
<!--分别导入如下三个.js 文件-->
```

```
<script type="text/javascript" charset="utf-8" src=
                "ueditor1_4_3_3-utf8-php/utf8-php/ueditor.config.js"></script>
<script type="text/javascript" charset="utf-8" src=
                "ueditor1_4_3_3-utf8-php/utf8-php/ueditor.all.min.js"></script>
<script type="text/javascript" charset="utf-8" src=
                "ueditor1_4_3_3-utf8-php/utf8-php/lang/zh-cn/zh-cn.js"></script>
<form method="post" action="bdcl.php">
    <!--通过 id 引用富文本编辑器对象,name 标识表单页面里的 textarea 对象-->
    <textarea id="editor" name="content" type="text/plain"
                            style="width:500px;height:200px;"></textarea>
    <input type="submit"value="提交"/></form>
<script type="text/javascript">
    //创建一个富文本编辑器对象
    UE.getEditor('editor');  //此处 editor 与 textarea 标签里的 id 属性值保持一致
</script>
```

浏览页面时,出现 UE 的工具栏,供填写表单,如图 7.3.2 所示。

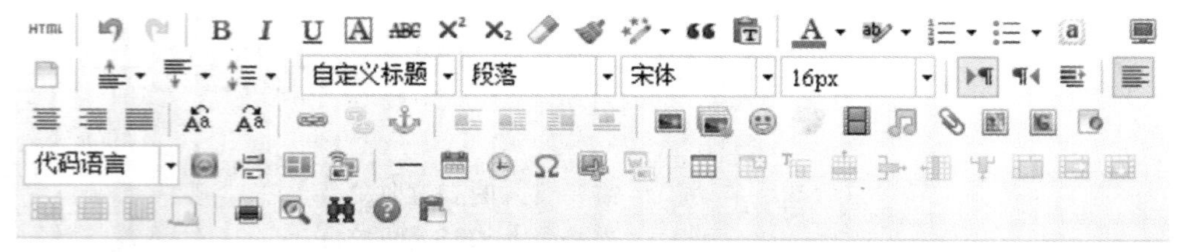

图 7.3.2 UEditor 的编辑界面

表单处理程序 bdcl. php 用于接收表单提交的富文本(使用 UE 工具 HTML 可以查看)并呈现页面,其代码如下:

```
<meta charset="utf-8"/>
<title>显示表单提交的富文本内容</title>
<? php
    //访问名为 content 的表单元素并输出其值
    echo $_POST["content"];
?>
```

7.4 JS运行时环境 Node.js

7.4.1 Node.js 概述、下载及安装

Node.js 是一个基于 Chrome V8 引擎的 JavaScript 运行时环境，它使用事件驱动、非阻塞式 I/O 的模型，使其轻量又高效。

访问官网 http://nodejs.org，可以下载安装包。Node.js 安装后，主要提供 npm 和 node 两个命令，这两个命令通常在 VS Code 终端里执行。为此，需要确保 Node.js 安装路径已经添加到 Windows 系统环境变量 path 里。

在 VS Code 里，进入终端命令行的一种方法是使用菜单"查看"→"终端"；另一种方法是在项目文件夹空白处按住 Shift+鼠标右键，选择"在终端中打开"。

检验 Node.js 是否成功安装的方法是，在 Node.js 的终端命令行执行如下命令：

```
node-v
```

如果能显示版本信息，则表明 Node.js 已经成功安装。在 VS Code 终端执行 Node 版本检查命令如图 7.4.1 所示。

图 7.4.1 在 VS Code 终端执行 Node 版本检查命令

在 VS Code 终端里，执行命令 npm 用于对项目安装所需模块，执行命令 node 用于执行 JS 脚本文件。

> **注意**：中文网 http://nodejs.cn 包含了 Node.js 的详细介绍。

7.4.2 Node.js 模块安装器 npm 与 cnpm

包管理器 npm(node package manager，模块安装器)是全球最大的开源库生态系统，用于 node 插件管理(包括安装、卸载、管理依赖等)。npm 是随 Node.js 一起安装的包管理工

具，能解决 Node. js 代码部署上的很多问题，常见的使用场景有以下几种：

（1）允许用户从 NPM 服务器下载别人编写的第三方包到本地使用；

（2）允许用户从 NPM 服务器下载并安装别人编写的命令行程序到本地使用；

（3）允许用户将自己编写的包或命令行程序上传到 NPM 服务器供别人使用。

例如，为了在项目里访问 MySQL 数据库，需要在 VS Code 的终端里使用如下命令来安装 mysql 模块：

```
npm install mysql
```

从项目里移除 mysql 模块，则使用如下命令：

```
npm uninstall mysql
```

npm 插件安装默认从国外服务器下载，受网络的影响比较大，可能会出现异常，其解决办法是使用国内淘宝的镜像命令 cnpm。为此，需要在命令行执行如下全局安装 cnpm 的命令：

```
npm install-g cnpm--registry=https://registry.npm.taobao.org
```

安装成功后，就可以使用 cnpm 命令代替 npm 了。

注意：(1) 命令参数-g 表示全局安装。

(2) 安装项目依赖的模块时，也可以使用参数-g，表明是全局模块。此时，该模块将被下载到 Windows 用户的 npm\node_modules 文件夹。如果不使用参数-g，则模块被下载到当前项目的文件夹 node_modules(自动生成)。

7.4.3 使用 mysql 模块访问 MySQL 数据库

使用 Node. js 访问 MySQL 数据库之前，需要先安装 MySQL 数据库服务器软件。

MySQL 是一种关系型数据库软件。作者教学网站的 Java EE 课程下载专区里有 MySQL 数据库服务器软件的下载链接。

安装 MySQL 时需要注意如下几点。

- MySQL 服务器的通信端口默认值是 3306，当不能正常安装时，一般是端口被占用造成的（如已经安装了 WAMP 软件时），此时要回退并重设端口（如改成 3308）。
- 字符编码（character set）一般设置为 utf-8。
- 设定 root 用户的密码，本教材密码与用户名相同，即都是 root。

MySQL 安装成功的界面，如图 7.4.2 所示。

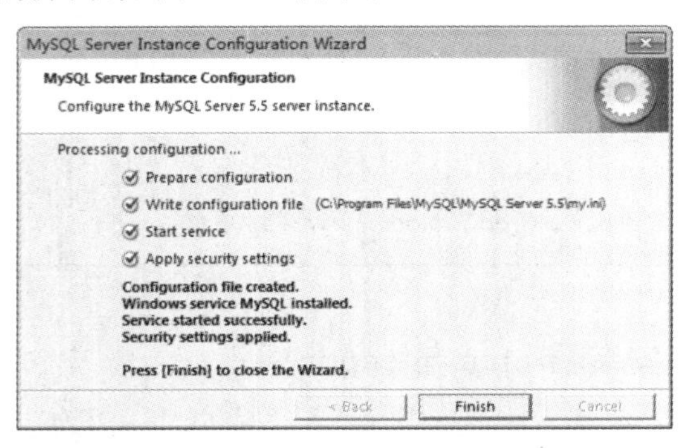

图 7.4.2 MySQL 安装成功的界面

MySQL 安装完成后，系统提供了命令行方式的客户端程序。使用菜单“开始→MySQL Command Line Client”运行时，要求输入 root 用户的登录密码。MySQL 的命令行方式，如图7.4.3所示。

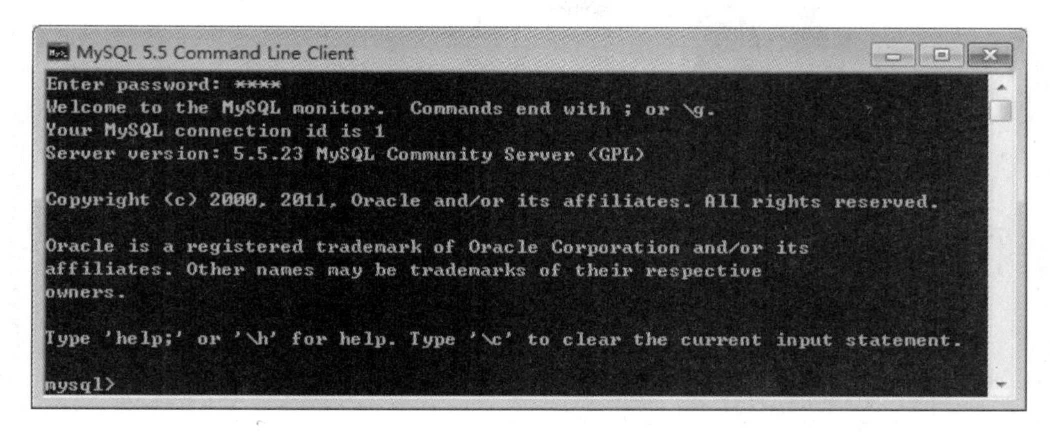

图 7.4.3 MySQL 的命令行方式

注意：数据库(服务器)软件有多种，除了 MySQL 外，还有 SQL Server、Oracle 等。

在 MySQL 的命令行方式下，几个简单的命令用法如表 7.4.1 所示。

表 7.4.1 简单的 MySQL 命令

命令格式	功能	备注
show databases;	显示所有数据库	每条命令以英文分号结束； 当输入命令有误时，需要输入“;”并回车来取消； 输入命令 exit 或 quit，将退出命令行界面
use 库名;	打开指定的数据库	
show tables;	显示数据库里的所有表	
show columns from 表名;	显示表结构	
select * from 表名;	查询表的所有记录	
create database 库名;	创建一个新的数据库	

在 MySQL 的命令行方式下操作数据库，需要操作者牢记许多命令及其使用格式，否则比较容易出错。SQLyog 提供了极好的图形用户界面 GUI，能够快速地创建、组织、存取 MySQL 数据库，还提供了对数据库的导入和导出功能。

注意：(1) 作者教学网站的 Java EE 课程下载专区里提供了 SQLyog 软件的下载链接。
(2) 类似于 SQLyog 的软件有很多，如 MySQL Front 和 Navicat 等。
(3) 使用 SQLyog，能提高开发效率。

初次使用 SQLyog 时，首先需要进行用户注册。单击 New 按钮，填写连接 MySQL 服务器的名称，再填写登录的用户名及安装时设定的用户密码，如图 7.4.4 所示。

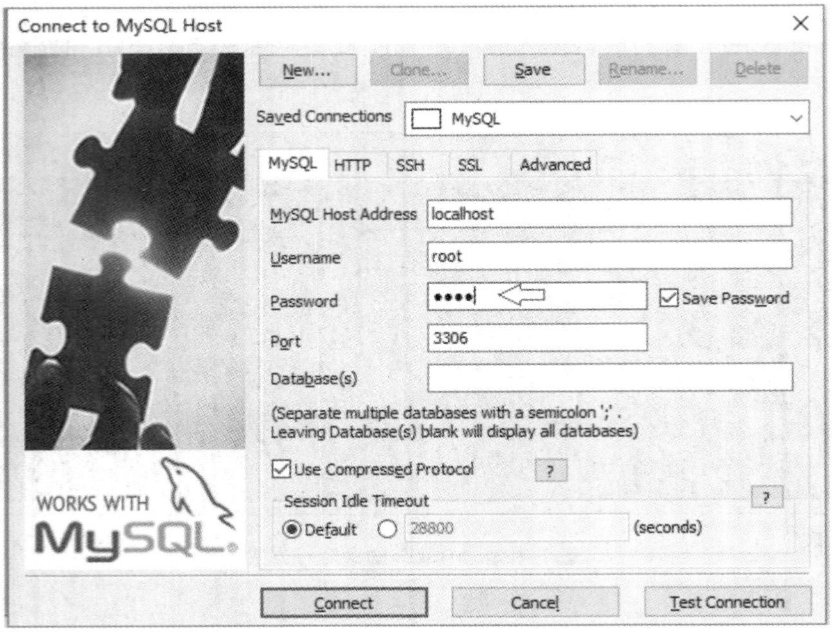

图 7.4.4　创建 MySQL 连接

创建 MySQL 数据库和执行外部的 SQL 脚本文件，可使用服务器的右键菜单，如图 7.4.5所示。

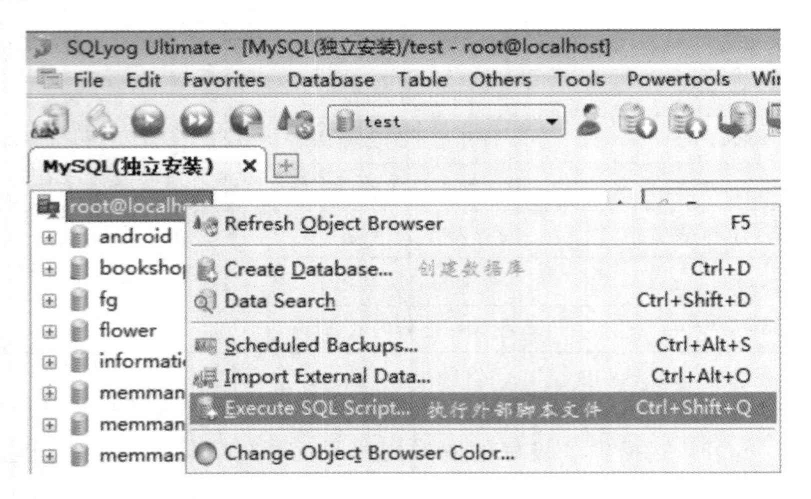

图 7.4.5　使用 SQLyog 创建 MySQL 数据库或执行外部的 SQL 脚本文件

注意：(1) 创建 MySQL 数据库时，一个重要的设置是指定存储字符的编码，一般设置为 utf-8。
(2) 执行 SQL 脚本文件时，如果存在同名的数据库，则原来的数据库将被覆盖。

项目移植时，需要导出数据库的 SQL 脚本文件。导出某个数据库的 SQL 脚本文件的方法是对某个数据库应用右键菜单，如图 7.4.6 所示。

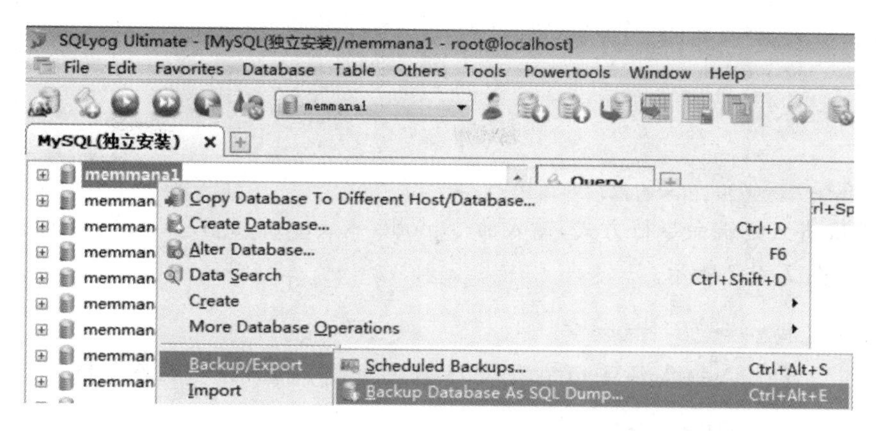

图 7.4.6　使用 SQLyog 导出创建数据库的 SQL 脚本文件

在导出的数据库脚本文件里，可以查看创建和使用数据库的命令代码：

```
CREATE DATABASE'memmana1'  DEFAULT CHARACTER SET utf-8;
USE'memmana1';
```

注意：由于 WAMP 也包含 MySQL 服务器软件，它们的访问域名都是相同的，只是端口设置不同，先安装的默认占用 3306 端口，因此，后安装的修改后占用另一个端口，如 3308。

例 7.4.1　使用 Node.js 访问 MySQL 示例。

(1) 新建一个空项目文件夹 C:\wamp\www\webfront\ch07\Test4Node，并在 VS Code 中打开该文件夹。

(2) 按“Ctrl＋Shift＋Y”键，选择终端进入命令行方式。

(3) 执行命令 cnpm install mysql，对项目安装 mysql 模块。

(4) 编写脚本文件 example7_4_1.js，其代码如下：

```
var mysql=require("mysql");  //加载 mysql 模块
var connection=mysql.createConnection({//连接对象
    host:'localhost',
    user:'root',
    password:'root',
    port:'3306',
    database:'memmana', //数据库
    dateStrings:true
});
connection.connect();//连接
var sql='SELECT* FROM user';  //查询表 user
connection.query(sql,function(err, result) { //查询，匿名方式
        if(err){
            console.log('[SELECT ERROR]-',err.message);
            return;
        }
```

```
        console.log('------------SELECT------------');
        console.log(result);
        console.log('------------SELECT------------\n');
});
connection.end(); //关闭数据库连接
```

(5) 再次进入终端命令行方式，输入命令 node example7_4_1.js 执行 js 脚本。在终端输出结果，如图 7.4.7 所示。

```
问题    输出    调试控制台    终端
PS C:\wamp\www\webfront\ch07\Test4Node> node example7_4_1.js
-------------SELECT-------------
[ RowDataPacket {
    username: 'lisi',
    password: '222',
    realname: '李四',
    mobile: '15500000001',
    age: 35 },
  RowDataPacket {
    username: 'wangwu',
    password: '2121',
    realname: '王五',
    mobile: '18971426728',
    age: 25 },
  RowDataPacket {
    username: 'zhang',
    password: '123',
    realname: '张三',
    mobile: '15300000001',
    age: 42 } ]
-------------SELECT-------------
```

图 7.4.7　程序 example7_4_1.js 的运行结果

7.4.4　使用 http 模块创建 HTTP 服务器

http 模块主要用于搭建 HTTP 服务器，使用 Node 搭建 HTTP 服务器非常简单。加载 http 模块后，调用 http 模块的 createServer()方法，创建一个服务器实例。createServer()方法接受一个函数作为参数，该函数的第一参数表示客户端的 HTTP 请求对象，第二参数表示服务器端的 HTTP 响应对象。

HTTP 服务器具有设置监听接口方法 listen()和向客户端发送响应信息方法send()等。

例 7.4.2　使用 Node.js 创建 HTTP 服务器示例。

文件 example7_4_2.js 代码如下：

```
var mysql=require("mysql");//加载 mysql 模块
var http=require('http'); //加载 http 模块
var mysql=require("mysql");
http.createServer(function(req, res){//创建 HTTP 服务器，req代表请求，res 代表响应
    res.writeHead(200, {'Content-Type':'text/plain; charset=utf-8'});  //固定用法
    //res.end("测试");    //向客户端发送响应信息
```

```
    var connection=mysql.createConnection({//创建数据库连接对象
        host:'localhost',
        user:'root',
        password:'root',
        port:'3306',
        database:'memmana',
        dateStrings:true
    });
    connection.connect();
    var sql='SELECT* FROM user';
    connection.query(sql,function(err, result){
        if(err){
            res.end(err.message);
            return;
        }else{
            res.end(JSON.stringify(result));//返回数据，将 JS 对象转化为 JSON 字符串
        }
    });
    connection.end();
}).listen(3000); //3000 为监听端口
console.log("Web 服务器正在运行中...");
console.log("请打开浏览器访问:http://localhost:3000");
console.log("按 Ctrl+C 停止 Web 服务器，返回到命令行方式。");
```

在 VS Code 终端执行命令 example7_4_2.js，终端输出结果如图 7.4.8 所示。

```
问题    输出    调试控制台    终端

PS C:\wamp\www\webfront\ch07\Test4Node> node example7_4_2.js
Web服务器正在运行中...
请打开浏览器访问: http://localhost:3000
按Ctrl+C停止Web服务器，返回到命令行方式。
```

图 7.4.8　程序 example7_4_2.js 的运行结果

打开浏览器，访问 http://localhost:3000 后的页面效果，如图 7.4.9 所示。

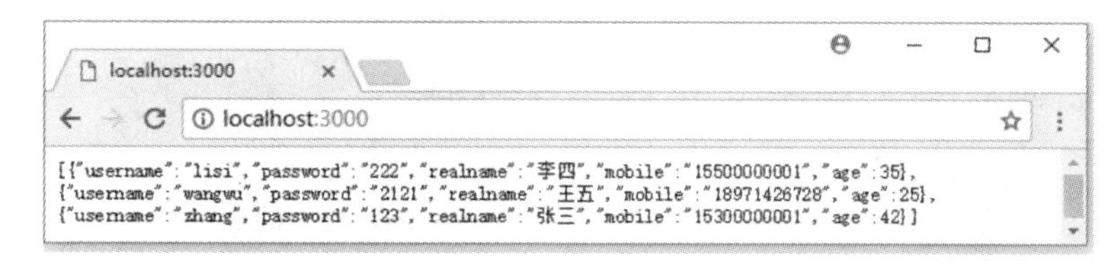

图 7.4.9　访问 http://localhost:3000 后的页面效果

7.4.5　服务端框架 Express

Express 是一个基于 Node.js 平台的简单灵活的 Web 应用开发框架，它是对 http 模块

的再封装，提供一系列强大的特性，用以创建各种 Web 和移动端应用。

Express 的核心特性包括：

(1) 可以设置中间件来响应 HTTP 请求；

(2) 定义了路由表用于执行不同的 HTTP 请求的动作；

(3) 可以通过向模板传递参数来动态渲染 HTML 页面。

其中，预先对 Express 使用 get()方法定义若干路由，用来处理用户不同的 HTTP 请求。

为了在项目里使用 Express 框架，需要在 VS Code 终端里使用如下命令来安装 Express 框架：

```
npm install express
```

例 7.4.3 使用 Express 框架的简明示例。

文件 example7_4_3.js 代码如下：

```
//执行 cnpm install express 安装 express 模块，是执行下面代码的前提
var express=require('express');  //加载 express 模块
var app=express(); //创建一个应用
var server=app.listen(3000, function() {
  var host=server.address().address;
  var port=server.address().port;
  console.log('Example app listening at http://%s:%s', host, port);
});
app.get('/', function(req, res) { //定义路由
  res.send('Hello World! ');//响应信息
});
console.log("Web 服务器正在运行中...");
console.log("请打开浏览器访问:http://localhost:3000");
console.log("按 Ctrl+C 停止 Web 服务器，返回到命令行方式。");
//使用 node 命令运行 js 脚本文件后，就可以访问 http://localhost:3000/
```

程序 example7_4_3.js 在 VS Code 终端的运行效果，如图 7.4.10 所示。

```
问题    输出    调试控制台    终端

PS C:\wamp\www\webfront\ch07\Test4Node> node example7_4_3.js
Web服务器正在运行中...
请打开浏览器访问: http://localhost:3000
按Ctrl+C停止Web服务器, 返回到命令行方式。
Example app listening at http://:::3000
```

图 7.4.10 程序 example7_4_3.js 在 VS Code 终端的运行效果

例 7.4.4 使用 Express 框架定义多个路由。

文件 example7_4_3p.js 代码如下：

```
var express=require('express');  //加载 Web 框架 express
var app=express(); //创建一个 app
```

```
var server=app.listen(8082, function() {//创建一个 HTTP 服务器
    console.log("多路由实例,访问地址 1: http://localhost:8082/");
    console.log("多路由实例,访问地址 2:http://localhost:8082/users");
});
var mysql=require("mysql");  //加载 mysql 模块
//以下定义了两个路由
app.get('/', function(req, res) {//定义路由
    //res.send("<a href='http://www.wustwzx.com'>吴志祥的教学网站</a>");
    res.send("<a href='http://localhost:8082/users'>访问数据库</a>");
});
app.get('/users', function(req, res) { //获取资源,/users 相当于定义一个 url
    res.writeHead(200, {'Content-Type':'text/plain; charset=utf-8'});
    var connection=mysql.createConnection({
        host:'localhost',
        user:'root',
        password:'root',
        port:'3306',
        database:'memmana',
        dateStrings:true
    });
    connection.connect();
    var sql='SELECT* FROM user';
    connection.query(sql,function(err, result){
        if(err){
            res.end(err.message);
            return;
        }else{
            res.end(JSON.stringify(result));  //返回数据,将 JS 对象转化为 JSON 字符串
        }
    });
});
```

程序 example7_4_3p.js 在 VS Code 终端的运行效果,如图 7.4.11 所示。

```
问题    输出    调试控制台    终端

PS C:\wamp\www\webfront\ch07\Test4Node> node example7_4_3p.js
多路由实例, 访问地址1:  http://localhost:8082/
多路由实例, 访问地址2: http://localhost:8082/users
█
```

图 7.4.11　程序 example7_4_3p.js 在 VS Code 终端的运行效果

7.4.6　静态资源打包工具 WebPack

WebPack 是当下最热门的前端资源模块化管理和打包工具,是一个现代 JavaScript 应

用程序的静态模块打包器(module bundler)。当 WebPack 处理应用程序时,它会递归地构建一个依赖关系图(dependency graph),包含应用程序需要的每个模块,然后将这些模块打包成一个或多个 bundle。

WebPack 可以将许多松散的模块按照依赖和规则打包成符合生产环境部署的前端资源,还可以将按需加载的模块进行代码分割,等到实际需要的时候再异步加载。

WebPack 可以看作是模块打包机,根据项目结构找到 JavaScript 模块以及其他的一些浏览器不能直接运行的拓展语言(Sass 和 TypeScript 等),并将其转换和打包为合适的格式,供浏览器使用。WebPack 3.0 还肩负起优化项目的重任,常用的组合如下:

- React.js+WebPack;
- Vue.js+WebPack;
- AngularJS+WebPack。

显然,无论走哪条前端路线,都需要掌握 WebPack。

7.5 渐进式框架 Vue.js

7.5.1 Vue.js 概述

Vue 是一套用于构建用户界面的渐进式框架。与其他大型框架不同的是,Vue 被设计为可以自底向上逐层应用。Vue 的核心库只关注视图层,不仅易于上手,还便于与第三方库或既有的项目整合。另一方面,当与现代化的工具链以及各种支持类库结合使用时,Vue 也完全能够为复杂的单页应用提供驱动。

在 MVC(model view controller)模型里,Model 不依赖于 View,但 View 依赖于 Model。MVVM(model-view-view model)模式在概念上是真正地将页面与数据逻辑分离,它把数据绑定工作放到一个 JS 里去实现,而这个 JS 文件的主要功能是完成数据的绑定,即把 Model 绑定到 UI 元素上。

访问官网 https://cn.vuejs.org,可获取更多的介绍和帮助文档。

例 7.5.1 使用 Vue.js 的简明示例。

文件 example7_5_1.html 代码如下:

```
<!DOCTYPE>
<meta charset="UTF-8">
<meta name="viewport" content="width=device-width, initial-scale=1.0">
<meta http-equiv="X-UA-Compatible" content="ie=edge">
<title>测试 Vue.js</title>
<div id="app">
    <p v-text="message"></p>
    <p>双向绑定:<input v-model="message"></p>
```

```
    <button v-on:click="reverseMessage">逆转消息</button>
    <button v-on:click="getApi">调用 ajax 接口改变 message</button>
    <p v-bind:title="title">鼠标在此处悬停几秒钟，即可查看此处动态绑定的提示信息！</p>
    <p v-if="seen">现在你看到我了</p>
    <ol><li v-for="todo in todos">{{todo.text}}</li></ol></div>
<script src="https://unpkg.com/vue"></script><!--线上重定向加载 Vue.js-->
<script src="https://cdn.bootcss.com/jquery/3.2.1/jquery.min.js"></script>
<script>
    var app=new Vue({//创建一个 Vue 对象
        el:'#app',
        data:{
            message:'Hello Vue!',
            title:'悬浮提示信息',
            seen:true,
            todos:[
                {text:'学习 JavaScript'},
                {text:'学习 Vue'},
                {text:'整个牛项目'}
            ]
        },
        methods:{
            reverseMessage:function(){
                this.message=this.message.split('').reverse().join('')
            },
            getApi:function(){
                var $this=this
                $.ajax({
                    url:'api.php',
                    method:'get',
                    success:function(data){
                        $this.message=data
                    },
                    error:function(err){
                        $this.message='调用接口失败'
                    }
                })
            }
        }
    })
</script>
```

浏览页面时，包含消息与文本域的双向绑定和 Ajax 调用等效果，如图 7.5.1 所示。

Hello Vue!123

双向绑定：Hello Vue!123

逆转消息 调用ajax接口改变message

鼠标在此处悬停几秒钟，即可查看此处动态绑定的提示信息！

现在你看到我了

1. 学习 JavaScript
2. 学习 Vue
3. 整个牛项目

图 7.5.1 包含消息与文本域的双向绑定和 Ajax 调用等效果

7.5.2 快速创建、部署、运行和打包一个 Vue.js 项目

1. 创建项目

进入 VS Code 的终端命令行，输入如下命令来安装 Vue.js 的脚手架：

```
cnpm install-global vue-cli
```

依次执行如下命令，创建名为 TestVue 的项目：

```
cnpm install webpack-g  //全局安装 webpack
vue init webpack TestVue
```

注意：在创建项目的对话中，需要输入小写的项目名 testvue。

进入项目文件夹，可以看到帮助文档 README.md，它提示了后续的两个操作步骤：安装依赖(cnpm install)和部署项目(cnpm run dev)。

2. 安装依赖

进入项目文件夹，安装项目依赖，如图 7.5.2 所示。

```
PS C:\wamp2\www\webFront\ch07> cd testvue
PS C:\wamp2\www\webFront\ch07\testvue> cnpm i
| [33/37] Installing pify@^3.0.0platform unsupported babel-loader@7.1.4 › webpack@3.12.0 › watchpack@1.6
.0 › chokidar@2.0.3 › fsevents@^1.1.2 Package require os(darwin) not compatible with your platform(win32
)
[fsevents@^1.1.2] optional install error: Package require os(darwin) not compatible with your platform(w
in32)
√ Installed 37 packages
√ Linked 712 latest versions
√ Run 1 scripts
Recently updated (since 2018-05-29): 14 packages (detail see file C:\wamp2\www\webFront\ch07\testvue\nod
e_modules\.recently_updates.txt)
  Today:
    → css-loader@0.28.11 › cssnano@3.10.0 › has@^1.0.1(1.0.3) (00:23:29)
    → babel-loader@7.1.4 › webpack@3.12.0 › acorn@^5.0.0(5.6.2) (14:40:30)
    → autoprefixer@7.2.6 › caniuse-lite@^1.0.30000805(1.0.30000849) (15:00:59)
    → css-loader@0.28.11 › cssnano@3.10.0 › autoprefixer@6.7.7 › caniuse-db@^1.0.30000634(1.0.30000849)
 (14:16:54)
√ All packages installed (848 packages installed from npm registry, used 23s, speed 450.24kB/s, json 74
9(6.44MB), tarball 3.78MB)
PS C:\wamp2\www\webFront\ch07\testvue>
```

图 7.5.2 安装项目依赖

其中，使用 cnpm 是为了有更快的下载速度。

3. 项目部署及访问

执行部署项目命令，如图 7.5.3 所示。

```
PS C:\wamp2\www\webFront\ch07\testvue> npm run dev

> testvue@1.0.0 dev C:\wamp2\www\webFront\ch07\testvue
> webpack-dev-server --inline --progress --config build/webpack.dev.conf.js

 95% emitting

 DONE  Compiled successfully in 3734ms

 I  Your application is running here: http://localhost:8080
```

图 7.5.3　执行部署项目命令

按照提示，在浏览器地址栏输入 http://localhost:8080，即可访问项目主页，如图 7.5.4 所示。

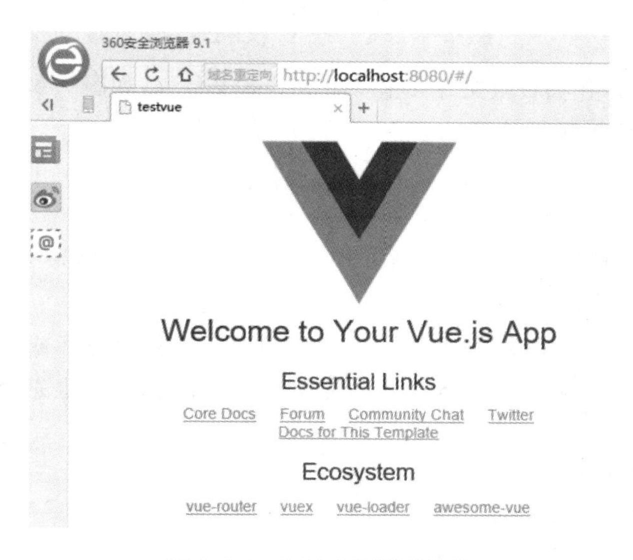

图 7.5.4　项目主页浏览效果

4. 打包 Vue 项目

在 Windows 环境下，打包已经生成的 Vue.js 项目，需要先修改 config/index.js 里的配置信息，如图 7.5.5 所示。

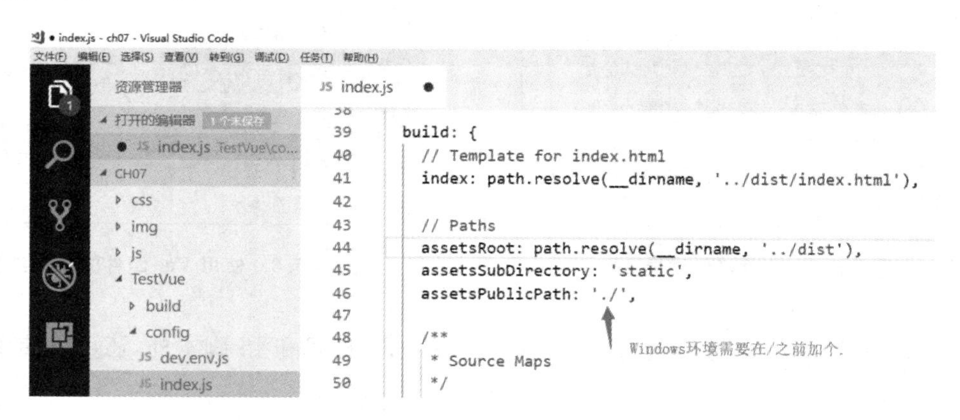

图 7.5.5　修改配置文件(config/index.js)

执行打包项目命令,如图 7.5.6 所示。

```
PS C:\wamp2\www\webFront\ch07\TestVue> npm run build

> testvue@1.0.0 build C:\wamp2\www\webFront\ch07\TestVue
> node build/build.js

Hash: c5a55981035a1bede671
Version: webpack 3.12.0
Time: 5446ms
                                          Asset       Size  Chunks             Chunk Names
         static/js/app.77c069c4d8d2af2a6927.js    123 kB       0  [emitted]  app
      static/js/vendor.2284bb58d2993f7f21cd.js  859 bytes       1  [emitted]  vendor
    static/js/manifest.2ae2e69a05c33dfc65f8.js  857 bytes       2  [emitted]  manifest
     static/js/app.77c069c4d8d2af2a6927.js.map    571 kB       0  [emitted]  app
  static/js/vendor.2284bb58d2993f7f21cd.js.map    4.62 kB       1  [emitted]  vendor
static/js/manifest.2ae2e69a05c33dfc65f8.js.map    4.97 kB       2  [emitted]  manifest
                                    index.html  430 bytes          [emitted]
```

打包当前项目

图 7.5.6　打包项目

项目打包完成后,在项目根文件夹里将生成 dist 文件夹,如图 7.5.7 所示。

将 dist 文件夹复制到任意 Web 服务器后,即可访问。

7.5.3　Vue 组件

Vue 是一套用于构建用户界面的渐进式框架。与其他大型框架不同的是,Vue 被设计为可以自底向上逐层应用。

Vue 的核心库只关注视图层,不仅易于上手,还便于与第三方库或既有的项目整合。另一方面,当与现代化的工具链以及各种支持类库结合使用时,Vue 也完全能够为复杂的单页应用提供驱动。

使用 Vue 组件的项目结构,如图 7.5.8 所示。

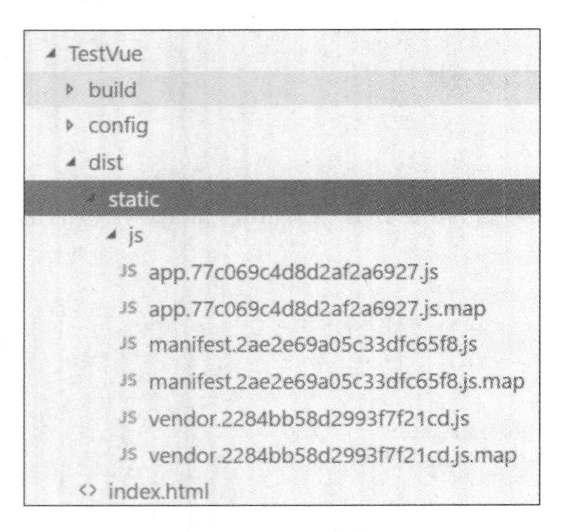

图 7.5.7　项目打包结果

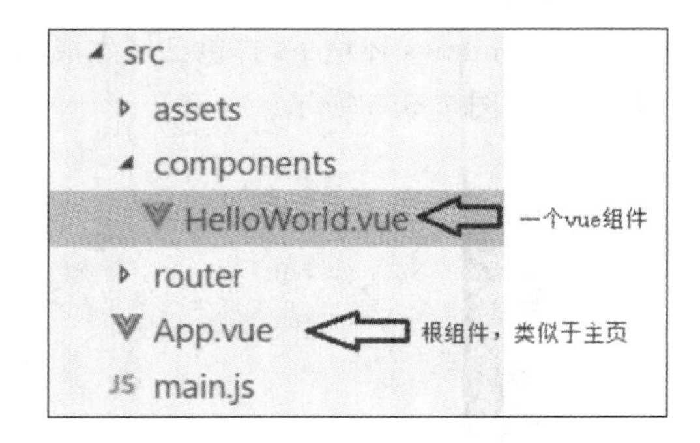

图 7.5.8　使用 Vue 组件的项目结构

一个.vue 文件,除了包含通常的 HTML 标签、CSS 样式和 JS 脚本外,还可以使用模板标签<template>。

.vue 文件的 JS 脚本里,可以定义供模板使用的模板变量。.vue 文件的一个架构示例,如

图 7.5.9 所示。

```
HelloWorld.vue ×
1    <template>
2  ⊞   <div class="hello">…
83     </div>
84   </template>
85
86   <script>
87   export default {
88     name: 'HelloWorld',
89     data () {
90       return {
91         msg: 'Welcome to Your Vue.js App'
92       }
93     }
94   }
95   </script>
96
97   <!-- Add "scoped" attribute to limit CSS to this component only -->
98   <style scoped>
99   h1, h2 {
100    font-weight: normal;
101  }
102 ⊞ ul {…
105  }
106 ⊞ li {…
109  }
110 ⊞ a {…
112  }
113  </style>
```

定义模板，只能有一个根元素，可以嵌套

定义JS脚本

组件名

模板变量，在模板里使用

定义CSS样式。其中，scoped属性为下面的CSS样式增加唯一属性

图 7.5.9　.vue 文件的一个架构示例

在.vue 文件里，可以定义方法和组件的生命周期方法，一个示例代码如图 7.5.10 所示。

```
<script>
export default {
  name: "App",
  data() {
    return {
      dateTime: new Date().toLocaleString() || 0
    };
  },
  methods: {
    toPath(path) {
      this.$router.push(path)
    },
    showDateTime() {
      setInterval(() => {
        this.dateTime = new Date().toLocaleString();
      }, 1000);
    }
  },
  created() {
    this.showDateTime();
  }
};
</script>
```

```
toPath: function (path){
  this.$router.push(path)
},
```

等效

在vue文件的模板里使用

Vue生命周期回调方法

```
<li @click="toPath('/test1')">1.使用VS Code和WAMP</li>
<li @click="toPath('/test2')">2.使用HTML标签组织页面内容</li>
<li @click="toPath('/sy3')">3.使用CSS样式修饰页面元素</li>
```

图 7.5.10　在.vue 文件里定义方法和组件的生命周期方法

7.5.4　前端路由配置

Vue 路由用于控制组件之间的跳转，不会实现请求，不用页面刷新。一个使用 Vue 路由的示例，如图 7.5.11 所示。

```
index.js - ch07 - Visual Studio Code
文件(F) 编辑(E) 选择(S) 查看(V) 转到(G) 调试(D) 任务(T) 帮助(H)

资源管理器
▲ 打开的编辑器
    index.js TestVue\src\router
▲ CH07
  ▸ css
  ▸ img
  ▸ js
  ▲ TestVue
    ▸ build
    ▸ config
    ▸ node_modules
    ▲ src
      ▸ assets
      ▸ components
      ▲ router
        index.js

index.js
1   import Vue from 'vue'          ⇦ 类似Java导包
2   import Router from 'vue-router'
3   import HelloWorld from '@/components/HelloWorld'
4
5   Vue.use(Router)
6
7   export default new Router({
8     routes: [                    ⇧ 使用构造方法创建路由配置信息
9       {
10        path: '/',   ⇦
11        name: 'HelloWorld',
12        component: HelloWorld  ⇦
13      }
14    ]                            ⇧ 可以配置多个，以逗号分隔
15  })
16
```

图 7.5.11　使用 Vue 路由

路由定义及使用的示例,如图 7.5.12 所示。

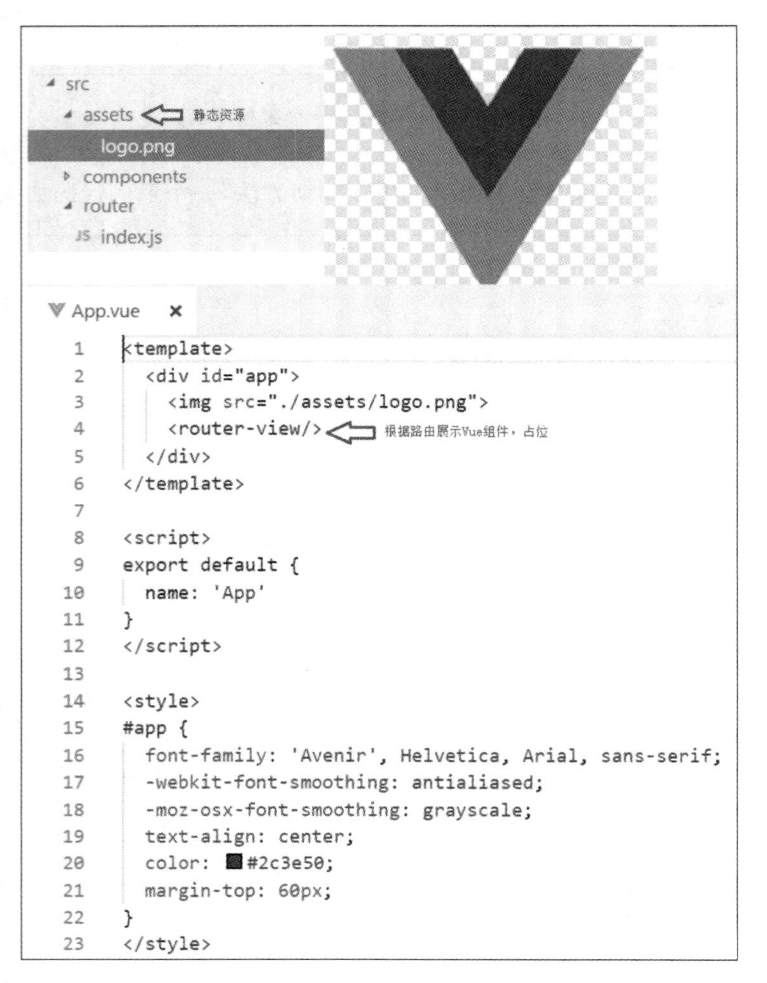

图 7.5.12　路由定义及使用

习题 7

一、判断题

1. Bootstrap 提供了用于美化表格的一组类样式。
2. HTML5 允许对 HTML 标签自定义属性。
3. Layui 属于渐进式框架。
4. Baidu UE 需要选择某种后台编程语言。
5. Baidu UE 提供了文件上传和管理功能。
6. Baidu UE 对上传的文件重命名,使用当前的时间戳。
7. Node. js 安装后,可以直接使用 cnpm 命令。
8. Vue. js 项目不能访问服务端。

二、选择题

1. 使用 Bootstrap 框架时,对表格产生条纹状效果的是__________。
   A. table-bordered　B. table-striped　C. table-hover　D. table-condensed
2. Layui 提供用于制作轮播效果的模块是__________。
   A. layer　B. table　C. carousel　D. laypage
3. 使用 Baidu UE 实现富文本编辑,主要作用于表单的__________元素。
   A. textarea　B. 文本域　C. 文件域　D. 列表
4. 使用 Node 环境加载__________模块,可创建 Web 服务器。
   A. http　B. mysql　C. webpack　D. express
5. Vue 项目使用__________模型。
   A. MV　B. MVC　C. MVM　D. MVVM

三、填空题

1. 使用 Bootstrap 框架制作面包屑导航,需要对〈ul〉应用类样式__________。
2. 响应式设计的本质是__________。
3. php 版本的 Baidu UE,将上传的文件默认保存在 www 的文件夹__________里。
4. 使用 Node 加载 mysql 模块的命令是__________。
5. 常用的 Vue 项目打包工具是__________。

实验 7□□□

一、实验目的

(1) 掌握 Bootstrap 框架的使用。

(2) 掌握 Web 前端框架 Layui 的使用。

(3) 掌握富文本编辑器 Baidu UE 的使用。

(4) 初步掌握基于 Node. js 的第三方模块(如 Express 等)的使用。

(5) 初步掌握 Vue. js 的使用。

二、实验内容及步骤

预备 访问 http://www. wustwzx. com/webfront/index. html,单击第 7 章实验,下载本章实验内容的源代码(含素材)并解压,得到文件夹 ch07,将其复制到 wamp\www,在 HBuilder 中打开该文件夹。

1. Bootstrap 框架的使用

(1) 打开文件夹 ch07/Test1Bootstrap 里的文件 example7_1_1. html,并选择"边改边看模式"。

(2) 查看页面对 Bootstrap 框架的引用(1 个 CSS 样式文件和 2 个 JS 文件)。

(3) 查看 table 标签应用的 Bootstrap 类样式,并配合浏览器窗口做灵敏性测试。

(4) 查看使用"!important"提高样式优先级的代码,并配合浏览器窗口做灵敏性测试。

(5) 打开文件夹 ch07/Test1Bootstrap 里的文件 example7_1_2. html。

(6) 查看表单元素与 label 标签绑定、对齐表单元素的方法。

(7) 查验在浏览器窗口单击 label 标签内容后,表单元素是否自动获得焦点。

(8) 打开文件夹 ch07/Test1Bootstrap 里的文件 example7_1_3. html。

(9) 查看制作面包屑导航的要点。

(10)打开文件夹 ch07/Test1Bootstrap 里的文件 example7_1_4.html,查看 HBuilder 浏览器窗口里的三横线的汉堡导航按钮☰。

(11)放大浏览器窗口,直到☰消失,出现导航菜单为止。

(12)验证增加一行代码<span class="icon-bar"/></span>,可使用按钮多一条横线。

(13)查验汉堡导航按钮的 data-target 属性值与导航菜单所在 div 的 id 属性值是否一致。

(14)查看使用 Bootstrap 实现响应式菜单中的相关 CSS 类样式。

2. 渐进式框架 Layui 的使用

(1) 打开文件夹 ch07/Test2Layui 里的文件 example7_2_1. html,观察消息框是否在短暂显示后消失。

(2) 验证 Layui 的模块化和非模块化两种使用方式。

(3) 打开文件夹 ch07/Test2Layui 里的文件 example7_2_2. html,查看浏览器窗口里的轮播效果。

(4) 查看 Layui 的 carousel 模块的使用。

(5) 打开文件夹 ch07/Test2Layui 里的文件 example7_2_3.html。

(6) 查看使用 Layui 的 table 模块分页显示二维表数据的相关代码。

(7) 体验 table 模块的分页功能。

(8) 打开文件夹 ch07/Test2Layui 里的文件 example7_2_4.html。

(9) 查看使用 Layui 的 laypage 模块分页显示二维表数据的相关代码。

3. 富文本编辑器 Baidu UE 的使用

(1) 打开文件夹 ch07/Test3Baidu UE 里的文件 example7_3_1.html。

(2) 查看页面对 Baidu UE(php 版)的引用。

(3) 打开文件夹 ch07/Test3Baidu UE 里的文件 bdcl.php,查看对表单元素的访问。

(4) 启动 WAMP 服务器,访问页面 example7_3_1.html,使用工具编辑带样式的文本。

(5) 单击工具 HTML ,查看 textarea 存放的 HTML 代码。

(6) 上传一个图片文件并提交表单,查看该图片文件是否保存在服务器的路径中。

4. JS 运行时环境 Node.js

(1) 启动 VS Code,打开文件夹 ch07/Test4Node。

(2) 访问官网 https://nodejs.org,下载 Node.js 安装包并安装 Node.js。

(3) 进入 VS Code 的终端命令行,执行命令:

```
npm install-g cnpm--registry=https://registry.npm.taobao.org
```

(4) 打开文件 example7_4_1.js,查看访问 MySQL 的相关代码。

(5) 运行命令 cnpm install mysql,加载 mysql 模块。

(6) 下载并安装 MySQL 数据库服务器软件。

(7) 下载并安装 MySQL 前端软件 SQLyog,创建对 MySQL 服务器连接,导入项目里的 SQL 脚本 memmana.sql,创建数据库。

(8) 在 VS Code 的终端执行命令 node example7_4_1.js,输出数据库访问的结果。

(9) 在 VS Code 中打开文件 example7_4_2.js。

(10) 查看加载 http 模块、创建 HTTP 服务器的代码。

(11) 在 VS Code 的终端执行命令 node example7_4_2.js。

(12) 按照提示,在浏览器里访问本项目。

三、实验小结及思考

(由学生填写,重点写上机中遇到的问题。)

参考文献

[1] 裴献.网页设计教程[M].北京:科学出版社,2010.

[2] 裴献.网页设计实训教程[M].北京:科学出版社,2010.

[3] 吴志祥.网页设计理论与实践[M].北京:科学出版社,2011.

[4] 吴志祥,王小峰,周彩兰,等.PHP 动态网页设计与网站架设[M].武汉:华中科技大学出版社,2015.

[5] 青岛英谷教育科技股份有限公司.HTML5 程序设计及实践[M].西安:西安电子科技大学出版社,2016.

[6] 黑马程序员.响应式 Web 开发项目教程(HTML5+CSS3+Bootstrap)[M].北京:人民邮电出版社,2017.

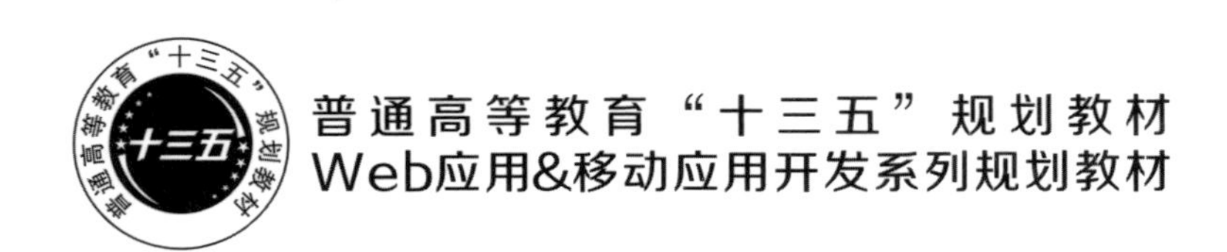

本书特色

- 使用开发工具HBuilder或VS Code管理Web项目。
- 知识点介绍简明扼要，并配有实例。
- 提供了若干综合项目，便于案例驱动式教学。
- 教材体系严密，内容既有深度也有广度，前呼后应。
- 每章提供了标准化的习题与实验，方便学生巩固知识点。
- 提供了配套的课程网站http://www.wustwzx.com/webfront/index.html。
- 提供了课件、案例代码等资源。

前端开发技术

策划编辑：康　序
责任编辑：舒　慧
封面设计：孢　子

ISBN 978-7-5680-4365-6
9 787568 043656 >
定价：48.00元